U0030417

ABRA國際認證
LE資格寵物行為訓練師

鄉民一致推崇，熱搜冠軍的
貓咪奇蹟製造師

單熙汝

全圖解

貓咪居家生活大揭密

寵物行為訓練師寫給
貓家庭的問題行為指南

《全圖解貓咪行為學》作者全新力作

看別人養貓好優雅，自己養貓好狼狽？
深入了解你的貓，就能解決你90%的困擾。

關於貓，我們永遠懂得不夠多

　　我是生在一個從小家裡就有貓出沒的家庭。媽媽會照顧浪貓，貓們要到我家來住，就可以來，自由進出。直到小學，我爸爸領養了貓咪送我，我們家開始了正式養貓的日子，我家貓口最多的時期大約同時有八、九隻。

　　這樣總能說：「我可是養了一輩子的貓呢！」這種驕傲的話吧？

　　但就算是這樣，我依然不知道該怎樣讓貓不要吵架，怎樣讓貓不要挑食，怎樣讓牠們乖乖被餵藥，叫了就過來，自動乖乖去喝水……。

　　最近還遇到一個傷腦筋的事，就是我家最固執的蔡嘿嘿，牠最愛的罐頭宣告停產！我到底該怎樣讓這個老先生心甘情願、快樂地吃著其他品牌的食物呢？

　　很多事，真的不是你做了一輩子，就能說你懂的，譬如養貓，就是其中一種。

　　我是因為太好奇貓咪行為訓練到底是怎麼一回事，又跟戴更基醫師是認識很久的朋友，前幾年終於忍不住好奇，報名了基礎班的課。每天上課，都讓我驚訝到不停大喊：「怎麼可能！」眼前這有關貓的一切，怎麼都跟我這

養了一輩子貓的貓奴以為的不一樣？

　　於是，我又報名了進階班，認識了單熙汝。當我看到她出現在課堂，第一個反應是，「她幹嘛來？」因為她早就已經很厲害了，我還買過她寫的書呢！

　　後來真正認識訓練師們才知道，原來這是一門必須一直進修的課。要學的東西太細太多，真正愛貓的訓練師，永遠覺得自己懂得不夠。

　　我真的很感謝有這個機會認識他們，也認識這門行為科學，養貓對我來說又多了好多樂趣。在理解之前，先別把時間花在酸言酸語上，翻開書，開始為了你和你的貓，走向幸福快樂的路吧！

蔡燦得（演員、主持人）

自序

貓咪教會我的事

我很喜歡動物，從還不太會走路的年紀開始，也是智商和小貓小狗差不多的年紀，我就選擇了和動物親近。這是一種無法具體描述和量化的喜歡，是一種不需要理由的喜歡。人對動物的喜歡就是這麼單純，而動物親近我們也是如此簡單，因為你有好吃的食物，還有舒服的床窩，我就和你當朋友。

有趣的是，將一個自帶奴性基因的人類和貓放在一起，簡直就是一個願奴一個願喵。奴性堅強的人類會順著貓咪的意願行事，藉由滿足貓咪而獲得快樂。同時，貓咪也很懂得怎麼驅使人類達成牠的需求。

就這樣，貓咪與貓奴從此過上幸福快樂的日子……

但實際上，我們遇到很多人養貓之後生活品質下降，甚至與家人關係緊張。問題出在哪呢？

就我這幾年深入數百個貓家庭所看見的核心問題，一是不理解貓，其次是環境的不適合。也就是說，要讓貓咪成為適當的家庭寵物，我們絕對有必要提供適當的環境以及正確的互動，來和貓咪做條件交換。如此一來，才能讓貓咪和我們生活在一起，成為一隻安定、自在，又會撒嬌的貓。

貓咪的天性是改變人類，而不是被人類訓練。如果曾經聽過我的演講，或是實際成功把自己的惡魔貓感化為天使，那你一定也學會了怎麼給予對方需要的愛，而不是自己以為的愛。

　　「不把自己認為的『好』強加在對方身上」，是貓咪教會我們的事。期許大家能夠帶著喜歡貓咪的那份單純，成為快樂的斜槓貓奴。

　　而這次的《全圖解貓咪居家行為大揭密》是繼上一本書《全圖解貓咪行為學》後，讓我們對基本貓行為有了全盤的概念，再深入剖析貓咪和你生活上常遇到的大小問題。

單熙汝

目 錄
Contents

PART **1**

貓以食為天，
貓咪要怎麼吃才能健康快樂？

　　課堂上最常被問到的，除了貓咪亂尿、搗蛋破壞之類的麻煩問題之外，很多飼主關心的重點都在貓咪的飲食上。

　　「老師，我家的貓不肯吃飯怎麼辦？」
　　「老師，我家的貓只願意吃零食，都不吃正餐。」
　　「我每天工作到很晚才回家，要怎麼處理貓咪吃飯的問題？我讓貓吃buffet好嗎？」
　　「貓咪不喜歡喝水該怎麼辦？」
　　「我想讓貓咪換飼料，但他不願意配合，我該怎麼辦？」
　　「有人說，為了安全起見，要經常更換貓咪的飼料，這樣真的好嗎？」
　　「老師，我的貓非得讓我用手去餵食，不肯自己吃飯，該怎麼辦？」
　　「老師，我家的貓太胖了，該怎麼幫他減重？」
　　「我買了超貴的飼料，但貓咪不肯賞光，我該怎麼辦啊？」

　　你家的貓是否也有類似的問題？接下來，我將針對問題，逐一說明，協助大家解決貓咪「食」的問題。

1
貓咪怎麼吃，才快樂？

貓食的選擇

近年來，我發現飼主們在餵食方面，和十年前最大的不同，是開始意識到「貓咪的腎臟很重要，需要多喝水」。

為了保護貓咪的腎臟、提供足夠的水分，越來越多飼主們捨棄乾飼料，改選濕糧，也就是所謂的生肉、罐頭和鮮食。濕糧因為富含水分，的確較符合貓咪不太主動喝水的天性。

不過，卻也產生另一個層面的問題。許多工作忙碌的都市型飼主，為了工作，長時間不在家，又擔心濕糧容易腐敗，不能久放。於是每天出門前，準備貓咪兩、三分鐘可以吃完的分量，讓貓咪在短時間內快速進食。

這樣做雖然確保了食物的新鮮度，但貓咪在飼主出門的這段期間內缺乏食物，是會使貓咪產生很大壓力的。

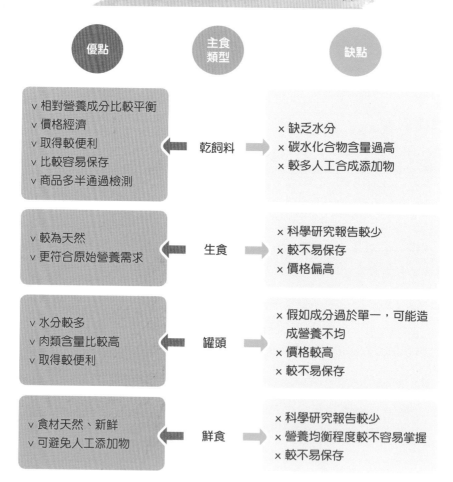

飼料、生食、鮮食、罐頭的優缺點比較

優點	主食類型	缺點
∨ 相對營養成分比較平衡 ∨ 價格經濟 ∨ 取得較便利 ∨ 比較容易保存 ∨ 商品多半通過檢測	乾飼料	× 缺乏水分 × 碳水化合物含量過高 × 較多人工合成添加物
∨ 較為天然 ∨ 更符合原始營養需求	生食	× 科學研究報告較少 × 較不易保存 × 價格偏高
∨ 水分較多 ∨ 肉類含量比較高 ∨ 取得較便利	罐頭	× 假如成分過於單一，可能造成營養不均 × 價格較高 × 較不易保存
∨ 食材天然、新鮮 ∨ 可避免人工添加物	鮮食	× 科學研究報告較少 × 營養均衡程度較不容易掌握 × 較不易保存

貓式用餐法則：少量多餐

因為貓咪的生理機能使然，注定了他們必須「少量多餐」。

那麼，到底要多少量、多少餐，才能符合貓咪的飲食要求呢？這沒有一定的規定，完全取決於貓的個別生理狀況。

平均說來，一隻貓咪每天應該要進食八到二十次，每次大約10到30公克左右。這些數字，隨著貓咪的年紀、活動力、生理狀況會有些許變化。

為求符合少量多餐的貓式用餐法則，我建議飼主可以在家的時候提供數次的濕糧。如果平常需要上班，每天超過六到八小時不在家，就留一些乾糧在盤子裡，以便貓咪有需要進食時自己去吃。

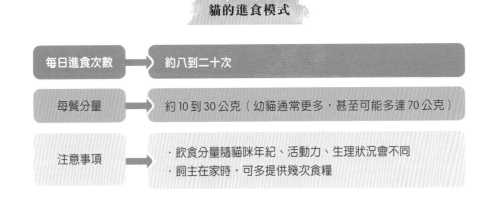

貓的進食模式

每日進食次數	約八到二十次
每餐分量	約10到30公克（幼貓通常更多，甚至可能多達70公克）
注意事項	・飲食分量隨貓咪年紀、活動力、生理狀況會不同 ・飼主在家時，可多提供幾次食糧

別用教育小孩的方式規定貓咪進食

「定時定量」是我們常聽到的建議餵食法。這對於結紮後必須控制體重的貓咪來說，是理想的辦法。所以如果飼主想執行定時定量餵食，必須先評估：

一、貓咪是否結紮。

二、貓咪有沒有體重控制方面的要求。

至於幼貓、哺乳中的母貓，或是身材標準的貓咪，實在沒有必要限制進食時間和分量。

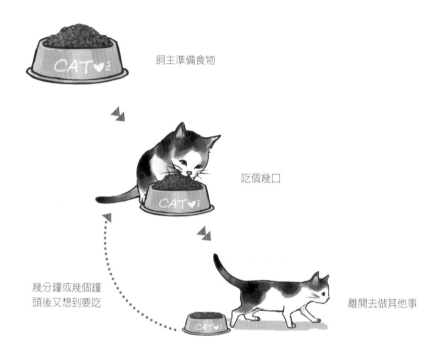

貓的進食習慣

飼主準備食物

吃個幾口

幾分鐘或幾個鐘
頭後又想到要吃

離開去做其他事

　　正常貓咪進食時，不會一次把食物吃完，也就是說即使飼主準備了食物在碗裡，貓也不會一次吃光光。通常是想到就去吃幾口，然後離開去做其他事情，過個幾分鐘或幾個鐘頭之後，又回來吃幾口。

　　這樣說起來，貓咪吃飯就像是沒有定性的幼童。人們可以要求孩子把碗裡的飯吃乾淨再離開餐桌，但最好不要強迫貓咪像人一樣，一天三餐定時定量。這違反了貓的天性，會造成貓咪的壓力。

　　貓咪的壓力，人是看不見的，但會累積在心理或生理方面，對貓絕對不是好事。

所以身為飼主，在安排進食方針前，請先確認你的貓咪處於哪一個生理階段。如果需要定時定量管理，千萬把握「少量多餐」原則。

現在坊間有一些自動餵食的產品，你即使不在家，也能分段餵食。你可以設定好每次機器落下食物的最小單位（通常是5公克）。而當你在家時，則選擇手動添加乾糧，或是準備足夠貓咪多吃幾次的濕糧，讓貓咪能夠符合天性地進食。

貓咪吃一頓飯的時間要多久？

很多飼主詢問我，「貓咪如果一餐飯沒吃完，要等多久才能把食物收起來？」這個問題看似簡單，但其實延伸出許多問題。

首先，通常會這麼詢問的飼主，都希望能夠妥善控制貓咪用餐的時間、速度。

但是安排貓咪進食，絕不是干涉牠吃飯的速度、次數、時間。

依照貓咪食欲狀況，每次準備五到二十分鐘內
可以吃完的分量，讓貓咪自己分次吃。

通常飼主怕食物腐敗，所以才需要把食物收起來。乾糧沒有快速腐敗的問題，而濕糧的確需要收拾，所以想要在貓咪用餐模式和我們的生活習慣之間取得平衡，必須先觀察貓咪的食欲。

貓咪的食欲好壞，經常跟天氣有關。依照貓咪食欲狀況，飼主每次準備五到二十分鐘內可以吃完的分量，讓貓咪自己分次吃，食物也不會在這段時間內腐敗。

🐾🐾 掌握餵食要訣 🐾🐾

- 少量多餐。

- 飼主每日超過六到八小時不在家時，可留一些乾糧在碗中。

- 若貓咪身型沒有過胖，就不需要刻意限制進食量。

∴ 居家生活筆記 ⁝⁝

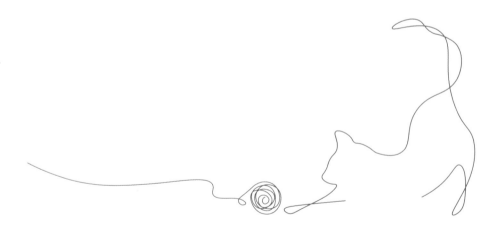

2
貓咪挑食怎麼辦？

貓咪挑食「很正常」

貓咪對於食物非常講究，經常很多時候飼主調配食物，如果水分多了10cc，對貓來說，那就是完全不一樣的食物了！

所以，有些飼主自己製作鮮食，比例差一點點，貓好像都比人還清楚。比例不同，貓咪聞一下就察覺出來了。當牠覺得「這不是我要吃的那一份」，會立刻掉頭就走，留下滿臉問號的貓奴。

所以貓咪挑食，不只是在意食物配方與比例，還包含蛋白質的種類和比例，以及牠生活的環境中，是否有其他更喜歡吃的食物選擇。

掌握貓咪喜愛的食物，就不會感覺貓很挑食。

因此我們要承認一件事：貓咪「挑食」很正常，有些是天生的，然而大部分都是後天養成的結果。

挑食對人類來說，就是只吃喜歡的食物，後續可能會造成營養不均衡的問題。

但貓的挑食行為和人類不同，貓咪的挑食，是挑選牠喜歡吃的食物，有的貓咪喜歡吃魚，有的貓咪喜歡吃雞。換句話說，飼主不用太擔心貓咪挑食，只要懂得觀察貓咪對食物的喜好，就能餐餐都準備貓咪愛的食物。

當你餐餐都能掌握貓咪心中喜愛的食物，就不會感覺貓很挑食了。

或許你會奇怪，挑食就是挑食，怎麼貓咪挑食還有先天和後天的差別呢？這必須從貓咪挑食的原因開始說起。

先天性的貓咪挑食

先天挑食是每一個生命體單純各有各的喜好，當然也可能是因為貓咪出生後沒多久，受到貓媽媽的影響。端看貓媽媽給幼貓吃的食物是什麼？帶領牠們打獵的食物類型是小鳥或是老鼠？此外，在都市裡能夠搜尋到的食物殘渣是什麼，也會對貓的偏好產生影響。

這些情況，都能大大影響貓咪日後對於食物的接受度。

普遍來說，假設有一隻超過一歲的貓咪從來沒吃過鹿肉，那麼當飼主把一個鹿肉口味的罐頭放在牠面前時，貓咪會有什麼反應？

他極有可能聞一聞鹿肉的氣味，然後掉頭離開。

當然，也有很低的機率是貓第一次聞嗅過鹿肉氣味後，食慾大開，大吃特吃。但是這畢竟很少見。

仔細一想，貓咪和人很像。在各種方面，「年紀」經常有著決定性的關鍵。年紀越大的貓，就越不願意去嘗試新食物。

先天挑食 V.S 後天挑食

	先天性挑食	後天性挑食
	少見	常見
形成原因	・純粹的天生喜好 ・出生後受到貓媽媽的影響 ・習慣環境中能找到的有限食物	・有不同的食物可選擇
對新食物的反應	・**常見的反應**：聞一聞氣味後，掉頭離開 ・**較少見的反應**：嗅過第一次聞到的氣味後，食欲大開，大吃特吃	・在多種食物中，直覺選擇喜歡吃的

後天性的貓咪挑食

先天挑食對貓咪進食的影響其實不算太嚴重，真正影響貓咪挑食的主因，都在於後天養成。貓咪進入家庭後，在飼主給予的環境裡所吃到的每一種食物，逐漸建立起貓咪對食物喜好的全盤概念。

說起來有趣，每次有飼主來跟我談貓咪挑食的問題時，敘述都大同小異。他們大概都是這樣開頭，「老師老師，我家的貓咪以前很喜歡吃這種罐頭（或者乾飼料），所以我買了好多好多。但不知道為什麼，他現在突然不肯吃了，看都不肯看一眼！」

如果你也有相同的煩惱，請你一起來思考以下兩個問題：

一、你家的貓咪從什麼時候開始挑食？

二、挑食期間，貓咪不可能真的絕食，牠是靠著吃什麼食物活下來的？

答案很快就出來了！環境中同時存在一個喜歡吃的食物和另一個不太喜歡吃的食物。牠只是做了一個非常簡單的選擇。

這也就是說，一旦飼主讓貓咪接觸了其他新的食物，就是開啟一場大冒險。貓咪發現，「喔，我有選擇的空間。」就會直覺選擇他比較喜歡吃的那一種。

但也有的飼主運氣很好，如果剛好選擇了貓咪心中認定等級不相上下的食物，不管飼主給什麼，貓咪都願意接受，吃得乾乾淨淨。這時飼主就會感覺「我的貓好棒，他什麼都吃」，也就沒有挑食問題。

但這裡必須說明，所謂「貓咪心中認定等級不相上下的食物」，與營養和價格無關，而是單純貓咪心中認定好不好吃、喜不喜歡。

所以我經常聽到飼主抱怨：「我買了好貴、進口的、評價最高的飼料，貓咪卻不肯吃一口，真是不識貨。」貓咪不是不識貨，只是牠們的立場與看法，和人們出於商業化的評價截然不同。

挑食的常見原因與對策

不願意吃、拒吃	吃膩了	不餓
更換新食物時注意混合比例，每次新增3％到5％的新食物，或視情況判斷是否需要更換新食物	每天更換罐頭，不長期餵同樣的食物	等到餓了再餵食，每餐之間不提供點心零嘴，不勉強貓咪進食

3
如何預防貓咪挑食？

多方嘗試，投「貓」所好

做為飼主，到底我們該如何避免貓咪挑食呢？

如果是從幼貓時期起就開始飼養，請盡可能讓牠嘗試各種類型的食物，乾飼料、濕食、不同種肉類……。因為貓咪年紀還小，尚未被定型，很願意嘗試。這麼做可以預防長大以後牠不願意嘗試新食物，或是轉換食物的「抗戰期」過長，還能因應未來可能由於生理因素，必須強制更換到處方飼料等的不得已情況。

當你的貓咪願意吃的東西越多樣化，你就越能掌握貓咪對食物的滿意度。

讓幼貓多方嘗試各種食物或固定一種飲食的影響

嘗試各類食物 →
- 對新食物接受度高
- 更容易掌握貓咪的飲食喜好

固定食物 →
- 較不願意嘗試新食物
- 若必須轉換食物，會需要更長的轉換期

別忘了，貓咪的挑食和人類挑食不一樣。對於小孩挑食，父母可能會採用強制措施，但對於貓咪挑食，我們的解法是「投貓所好」，找出貓咪的食物喜好才是最重要的。

五顆星分類法神拯救貓奴

那麼到底要怎麼觀察，才能確認貓咪喜歡吃什麼呢？

我有一套經過多次實驗，頗為奏效的方法，叫做「五顆星分類法」，可以讓家有挑嘴貓的飼主參考。

貓咪不會說話，同樣的食物有時候吃有時候不吃，實在弄得貓奴「霧煞煞」。這還不打緊，感覺每次丟掉被貓嫌棄的食物都在暴殄天物。

為此我發明了一份測試過還頗實用的表格（見以下評分表範例）。

評分表範例

罐頭名稱	貓咪1號	貓咪2號	備註
凱宴主廚火雞肉	★★★★	★★★	可再次嘗試
凱宴主廚鮭魚	★★★★	★★★★★	加入貓的最愛清單
星球食饌鵪鶉	★★★★★	★★★★★	加入貓的最愛清單
天然奇蹟鹿肉	★	★★	加入黑名單
安寶無穀牛肉	★★★★★	★	可再次買給1號吃

🐾 第一階段 🐾

　　首先去一趟寵物店，買最少十四罐不重複的罐頭。如果你真的有貓咪挑食的困擾，請拋開以往選購的習慣，尤其請勿同樣的罐頭一次買五罐、十罐、整箱。除非你確定你的貓不愛吃某一罐，或是有其他原因不能吃某一罐，否則不拘任何肉類、成分，都請大膽選購。我們不要被以往的認知給侷限，現階段最重要的是嘗試。因為罐頭品牌、口味都不重複，所以也很難全部都不吃而損失慘重。

🐾 第二階段 🐾

　　第二步就是開始評分。隨便挑一罐當作今天的一餐，如果貓咪第一次接觸這罐完全不吃掉頭就走，或是聞一聞之後掩蓋、抖手，可以繼續放著。假使經過幾十分鐘或幾個鐘頭後跑去吃，那代表這個罐頭吸引力普通，我會幫貓咪註記兩顆星。

　　如果一個晚上都沒有吃，或是只吃一口，在貓咪心裡大概就是零分了，請以後再也不要買這一罐，是零顆星。若這罐頭一放下貓咪就開始吃，還舔得精光省得你洗盤子，請給五顆星。四顆星的狀況大概會是放下之後有馬上吃，不過沒有全部吃完就離開了，回頭過段時間再吃一些。有時候有剩，有時候也會一次吃完。

🐾 第三階段 🐾

　　兩週後，你已經有一張值得參考的貓罐頭評分表，就照著這張表單的四和五顆星去採購。可以四顆星的買十四罐，五顆星的買六罐，而這二十罐幾乎不重複，這樣天天都是相同等級的食物在替換，不會每日食物等級落差太多。也避免貓咪原本喜歡，但是連續吃好幾天一樣的罐頭結果吃膩的問題。

觀察貓咪飲食喜好三階段要點

進程	STEP 1	STEP 2	STEP 3
該如何做	購買最少十四罐不重複的罐頭。	開始評分。 任選一罐當作今天的一餐，如果貓咪第一次接觸這罐，完全不吃掉頭就走，或聞一聞後掩蓋、抖手，請先繼續放著。	兩週後，已經有一張值得參考的貓罐頭評分表。 按這張表單，選購四和五顆星的罐頭。
叮嚀與提醒	→請勿同樣的罐頭一次買五罐、十罐、整箱。 →除非確定貓咪不吃特定的某種罐頭，或有其他原因不能吃某些罐頭，否則不需拘泥，任何肉類、成分都請大膽選購。 →現階段最重要的是嘗試。購買的罐頭都不一樣，不太會造成全部不吃而損失慘重的狀況。	→ 評分基準： ★★★★★ 五顆星 罐頭一放下就開始吃，舔個精光。 ★★★★ 四顆星 ★★★ 三顆星 放下後馬上吃，沒有全部吃完就離開，過段時間又回頭吃。有時會剩下，有時一次吃完。 ★★ 兩顆星 ★ 一顆星 沒有馬上吃，幾十分鐘或幾個鐘頭後才跑去吃，吸引力普通。 ☆ 零顆星 一個晚上都沒吃，或是只吃一口。以後不要再買。	→四顆星的買十四罐，五顆星的買六罐。 →購買的二十罐都不重複，且都是相同等級的食物在替換，不會有食物等級落差太多的問題，同時避免連續多天吃同樣罐頭最後吃膩的情形。 →仍然需要繼續嘗試，每次採購時，增加三到六種不重複的新罐頭，加入清單中進行評分。 →持續擴充貓咪專屬的最愛罐頭清單。

當然，你需要繼續嘗試新的罐頭，每次採購的時候增加三到六種不重複的新罐頭，再繼續評分。這樣你就有滿滿的最愛罐頭清單，不怕不知道貓咪要吃什麼了！

讓牠餓到怕了就會好？

別做傻事了！不少貓奴實行餓貓的後果，不但沒解決貓咪挑食的困擾，還順便養成了其他問題行為，像是喵喵叫、破壞櫃子、亂咬東西、咬其他貓同伴啦……。你不會知道你的貓會因為不滿意食物而用什麼方式表達，所以千萬別用餓肚子的做法來處理挑食問題。尤其還要考慮貓咪的年紀，突然改變飲食習慣對貓來說是一件很莫名其妙的事情。

照正常的邏輯，貓咪不會把自己餓昏，所以沒有選擇時通常是乖乖就範，只好吃那個牠不愛但是你希望牠吃的食物。可是養在家中的室內貓，牠完全知道你那櫃子裡不只有這樣食物，並且飼主對於牠的喵叫是有反應的，所以用餓牠這招的手法早就被貓咪看穿。接著貓咪餓太久（超過十小時）可能還會嘔吐一些液體，飼主最終擔心貓咪健康問題，又趕緊去拿了你知道牠要吃的那款食物。貓咪絕食抗議成功，飼主徹底被打敗。

∴居家生活筆記 ❖

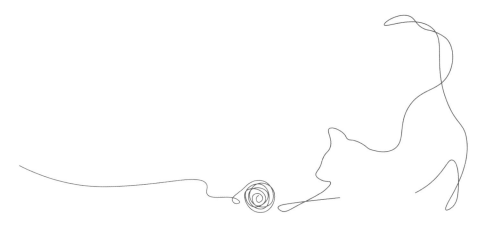

4
為了健康，
是否要經常更換貓咪的食物？

定期更換食物可分散風險

現在普遍都餵貓咪吃商品化的食物，商業寵糧的食安問題也是貓奴們擔憂的。基於分散風險的概念，定期更換食物是不錯的，不過乾糧和罐頭的更換週期不太一樣。乾糧的定期大概是三個月，少於三個月可能太頻繁。除非你非常了解貓咪願意吃的乾糧飼料，或是完全沒有挑乾糧飼料的行為，那可

乾、濕糧更換頻率

	乾糧	濕食
更換頻率	三個月為一週期	一餐或一天可吃完的小分量，吃完即可嘗試更換
注意事項	- 若非常了解貓咪喜好，或完全不挑食，可以吃完一包就換一種 - 如果貓咪對食物有明顯喜好，以少於三個月的週期更換飼料，貓咪越來越挑食的機率較高	- 以相同等級的濕食天天替換，不至於造成挑食不吃的情形 - 由於多半是小包裝，偶爾一兩次沒選中貓咪喜歡的口味，只是一餐不太吃，影響較小

以吃完一包就換一包。但如果你的貓咪對食物喜好滿挑剔，卻以每個月更換一種乾糧飼料的頻率，這樣會有很高的機率會讓貓咪越來越挑食，嚴重挑食的貓咪也會因此瘦一大圈。

不過濕糧就不一樣，因為大部分的濕糧都是小包裝，一餐或是一天可以吃完的分量，只要了解貓咪食物喜好的等級（詳情見22～25頁），把相同等級的天天替換，這樣並不會造成挑食不吃的困擾，偶爾一次兩次沒選中貓咪當天喜歡的口味，也只是一餐不太吃，不會像吃乾糧飼料一樣長期抗戰天天不吃。

所有的問題需要以貓咪的生理狀況為優先。像吃處方飼料的貓咪們需要遵照醫師指示，如果貓咪狀況好轉，可以和獸醫師討論是否漸進式更換食物。

更換食物只要是能抓準貓咪的味蕾，不造成浪費和過度挑食，貓咪的確會因為有新的食物，而滿足生活中小小的新鮮感、期待感。尤其對於愛吃的貓咪而言，這是一件令貓咪開心的事情。

貓咪無痛轉食法

餵貓最簡單的方式就是找到牠愛吃的食物，然後滿足牠。遇到需要轉換食物的問題，像是食物過敏、減肥、需要多攝取水分之類的健康調整，就要技巧性地和貓咪妥協，更變貓咪每天期待的美食。說白了簡直就是自找麻煩，但為了貓咪的健康，不得不執行這場硬仗。

混合法

假設從舊乾糧轉換一款新乾糧，可以直接將新乾糧放在貓咪面前。如果貓咪當下立刻嘗試新乾糧，代表這個口味貓咪完全接受。那麼接下來每天增加10%新飼料混入舊乾糧中，十天後就完整轉換完成。雖然貓咪當下馬上吃了新乾糧，還是要慢慢增加比例，不可一次更換全部的原因，在於要降低

混合法進行乾糧轉食的執行要訣

```
┌──────────┐    ┌──────────────┐    ┌──────────────┐
│ 立刻嘗試  │ →  │ 每天增加10%新 │ →  │ 十天後可轉食  │
│ 新乾糧    │    │ 飼料混入舊乾糧 │    │ 完成          │
└──────────┘    └──────────────┘    └──────────────┘
```

直接將新乾糧放在貓咪面前

將新乾糧以 3～5％的比例混入舊乾糧。如果順利將混合乾糧吃完，每二至三天增加 3～5％新乾糧

「緩慢增加」使貓咪習慣，以完成轉食目標

興趣不大或完全不吃

若以往轉換食物很容易被貓咪識破，失敗收場，則從每次只添加五到八顆新乾糧開始

若連續一週只挑出舊乾糧吃掉，精準剩下新乾糧，就直接找一款符合貓咪生理狀況且與舊乾糧等級相當的新乾糧

貓咪一時之間腸胃可能不適應新乾糧的機率。或是家裡有兩隻貓或以上的成員，也必須同時考量其牠貓咪們的意見。

如果貓咪對於新的這碗乾糧興趣不大，或是完全不吃，就直接將新乾糧以 3～5％的比例來混合舊乾糧。接下來觀察貓咪進食的狀況，如果貓咪順利將混合的乾糧吃完，再接著每二至三天增加 3～5％的新乾糧，以這樣緩慢的速度來讓貓咪習慣。這裡成功的關鍵點是「緩慢增加」，對於一種接受度低的食物，需要拉長時間讓貓咪去接受改變。如果你對這隻貓咪的了解是以往轉換食物很容易被識破而失敗收場，你需要用更慢的方式進行，哪怕從只添加五到八顆新乾糧開始。

混入極少的新乾糧用意並不是要矇騙過貓咪，牠們的鼻子完全能嗅出當中的任何一點變化。我們是要在貓咪能接受這個變化的最低限度使牠習慣，有足夠的舊乾糧味道去刺激貓咪的嗅覺，使貓咪願意進食，而進食當中也一起吃進新乾糧，從每次吃進新乾糧的經驗中去習慣。

接下來是第三種大家不想面對的結果，就是貓咪連續一週都把舊乾糧吃完，精準地剩下五顆新乾糧，似乎沒有進步的趨勢，那我們也不再做無謂的掙扎，再找一款符合貓咪生理狀況且與舊乾糧不相上下的新乾糧吧！

舊濕糧轉新濕糧也是一樣的方法，和乾糧唯一的差別是你可以先從微量湯汁開始加，並且均勻攪拌，這樣就不會有被貓咪分離挑出的窘境。並且濕糧還有一個好使用的祕訣，那就是在混合好的食物最上方鋪上沒有混合的舊濕糧一小茶匙，尖尖的在最頂端，目的是讓貓咪優先用鼻子確認食物是否合胃口。只要通過貓咪最嚴格的嗅覺檢查，就有機會大大提升貓咪開吃的欲望。

轉食順利與否和時間快慢與貓咪年齡有極大的關係，年紀稍長的貓咪對於新的食物較不願意嘗試，且已經有了既定的食物喜好。另外，學習經驗也會影響轉食的進行。例如學會挑食的貓咪，以往都是用長時間喵叫來向飼主

抗議，堅信飼主堅持不過半天就會拿出牠心目中的美食來投降。

如果你的貓咪已經有這樣的行為，請把握兩個大原則，一個是確認牠可以接受的食物口味，新的食物不要和舊的食物等級落差太多，這樣很難抗衡，會增加失敗的機率。第二是把握緩慢原則，並且堅持不投降給予其他美食，一次都不行。

這邊稍微提醒大家，如果能夠找到一款新的食物，是符合貓咪能吃並且愛吃的，轉換食物這件事就會變得相當輕鬆，而不要把重點擺在方式和步驟。現在市面上的貓咪食物五花八門，全都是為了迎合貓咪挑剔的味蕾，減輕飼主的苦惱。

四大方向分辨貓咪喜歡的食物類型

肉類
- 兩條腿的禽類：雞、火雞、鴨、鵪鶉、鵝
- 魚類：鮭魚、鮪魚、鯖魚、鰹魚、沙丁魚
- 海鮮：干貝、螃蟹、蝦
- 四條腿的哺乳類：牛、羊、豬、鹿、兔

型態
- 肉醬狀態或泥狀
- 保留肉原本的型態和外觀

出產地區
- 亞洲：台灣、泰國（居多）、日本（接受比例偏高）
- 澳洲、紐西蘭
- 美國
- 英國

口味濃淡
- 罐頭湯汁較多，若飼主另外加水，味道會變淡
- 乾糧含肉量較高，顏色較深，味道較重。而烘焙製作或是低卡、含肉量低，顏色較淺，且放在衛生紙上不會出現油漬，味道較淡

要怎麼分辨貓咪喜歡的食物類型

貓咪飲食最主要的首要成分是動物性蛋白質來源，可以從幾個大方向區分辨別。

第一關，先分辨肉類（適用罐頭、乾糧）。一般常見的肉類有：兩條腿的禽類如：雞、火雞、鴨、鵪鶉、鵝。魚類如：鮭魚、鮪魚、鯖魚、鰹魚、沙丁魚。海鮮如：干貝、螃蟹、蝦。四條腿的哺乳類如：牛、羊、豬、鹿、兔。

第二關，分辨出型態（適用罐頭、餐包）。有些市售主食罐會製作成肉醬的型態或是泥狀。另外，有些市售餐包或副食罐，會保留肉原本的形狀和外觀，看得出這是一片魚肉或是一絲絲雞胸肉。

第三關，分辨出產地（適用罐頭、餐包）。這並不是說貓咪講究異國料理，而是這些異國料理可能剛好出自同一工廠，配方大同小異，味道也就大同小異。注意包裝上標示的產地，以了解它們來自哪裡。

第四關，口味濃淡（適用罐頭、乾糧）。雖然口味只有貓咪心裡最清楚，不過我們還是能從肉眼稍微分辨。有些罐頭湯汁較多，或是飼主為了讓貓咪多攝取水分另外加入較多純水，會令味道變淡，這會是影響貓咪食欲的因素之一。乾糧則可以從顏色來區分。通常含肉量較高的顏色較深，味道也較重。相反的，使用烘焙方式製作，或是低卡、含肉量低的顏色會較淺，並且放在衛生紙上沒有被吸油的痕跡，味道通常較淡。可以查看包裝上標示的含肉比例來對照。

貓會因為吃了罐頭就不愛吃飼料了嗎？

貓咪是挑食出了名的寵物，於是出現各種「預防貓咪挑食」的傳說。

我曾經遇過學生詢問：「老師，聽說不可以給貓咪吃到鮪魚，不然牠就

只吃鮪魚，再也不吃其他食物，是真的嗎？」

「那你的貓挑食嗎？」我接著問。

「非常挑食，也非常困擾我。」學生答。

「你給他吃過鮪魚嗎？」我繼續問。

「從來沒有。」學生肯定地回答。

「所以挑食和吃不吃鮪魚沒有關連，事實證明沒吃過鮪魚的貓還是會挑食。」我直白地說明。

貓咪喜歡吃什麼食物，都是從現有的環境中會出現的食物挑選。無論鮪魚、雞肉、罐頭還是飼料，只要貓咪喜歡，就會選擇這樣食物。同樣也有不少貓咪吃了飼料不愛吃罐頭，或者吃了零食不愛吃飼料，無論哪一種結果，都是食物之間的比較級。

所以各位貓奴別把焦點放在限制貓咪吃某一類別的食物，而是淘汰掉貓咪無法接受的食物，繼續尋找貓咪喜愛的類別，以平衡挑食的問題。

∴ 居家生活筆記 ❖

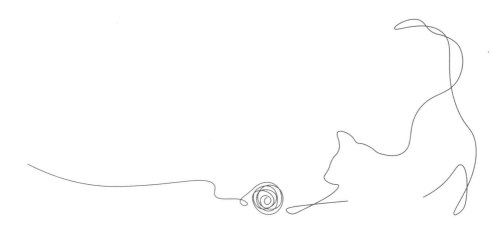

5
貓食百百種，
到底該如何選擇？

幼貓食量不比成貓小

市面上這麼多貓食，其實就是為了因應貓咪不同的需求，以及飼主餵食的便利性，因此沒有哪一種是「最好」的。我們可以依照年齡、生理狀況、飼主作息挑選出「最適合」的。

還在發育的幼貓，直到一歲以內都可以放心讓牠盡情地大吃大喝，不用限制熱量和食量。別以為幼貓就吃得比成貓少，其實是隨著年紀增長才越吃越少。所以幼貓飲食不設限，維持足量與多樣化是最好的。

多樣化對幼貓來說很值得實行，主食罐頭、副食罐頭、生食、乾糧、凍

挑選貓食的幾項考量要素

貓咪年齡

幼貓到一歲以內可盡情吃，不用限制熱量和食量

貓咪生理狀況

若腸胃敏感、容易拉肚子，則不能急於嘗試各種食物

飼主生活型態

評估飼主作息可執行的餵食模式，找出兼顧理想與現實的適當飲食

乾，把這些不同類型的食物給貓咪嘗試，就是食物多樣化。假如一隻貓咪三四歲了都不曾嘗試過生食，那麼未來對生食的接受度有可能很低，轉換食物就必須花較長時間讓貓咪接受。

所以最好趁著貓咪年紀小的時候多方嘗試，避免長大後不接受沒吃過的食物型態。

有些兩三個月的小幼貓腸胃敏感，容易拉肚子，糞便時常水分較多沒有成型，而經獸醫確認過沒有寄生蟲感染或其他腸胃疾病，這樣不穩定的腸胃就不能急於嘗試各種食物。需要單一項目增加食物類別，等有穩定的腸胃道以後才能再增加一種。

挑選食物的方式可以看成分，包裝上標示的成分數量越多就代表越複雜。乾飼料通常會由二三十種成分組成，而越單純越不增加腸胃道負擔，擔心貓咪腸胃適應不良的，可以先嘗試單一成分的乾燥脫水魚塊、乾燥脫水雞肉等等，每天一小塊，沒有不良反應才逐步增加。

結紮後的胖貓咪怎麼吃

大部分的成貓都會進行節育手術，這會改變貓咪的賀爾蒙和代謝變慢，所以每一隻結紮貓幾乎都逃不過發福的命運。無論有沒有節育，我們可以從視覺上來觀看貓咪體態，先知道胖了還是瘦了，才知道接下來怎麼調整。如果由上往下俯看一隻四腳站立的貓，略有腰身就是標準身材，肚子向兩側微微凸起就是微胖。也可以將手放在貓咪側面肋骨上滑動，看看是否能夠摸得出肋骨，以及背上脊椎是否能夠摸得出一節一節的觸感，能輕易摸出骨頭代表是理想範圍。

貓咪的體重不是評斷胖瘦的絕對標準，和人一樣，有些貓咪渾身肌肉，抱起來很沉，體型和其他貓咪看起來差不多，實際體重也確實比較重。如果你的貓咪只是體重數字比較高，身形卻結實，就不需要強迫牠減肥了。

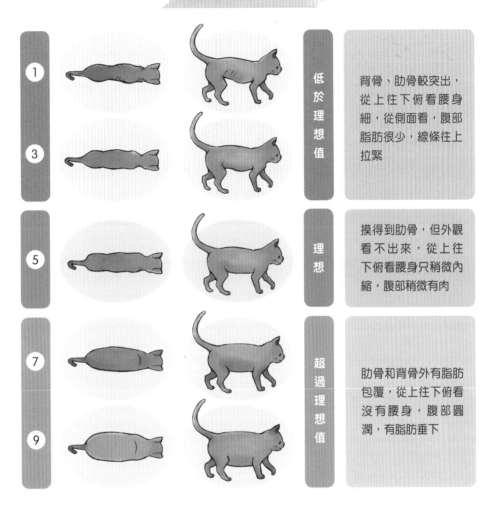

體態評分圖（BCS）

		低於理想值	背骨、肋骨較突出，從上往下俯看腰身細，從側面看，腹部脂肪很少，線條往上拉緊
1			
3			
5		理想	摸得到肋骨，但外觀看不出來，從上往下俯看腰身只稍微內縮，腹部稍微有肉
7		超過理想值	肋骨和背骨外有脂肪包覆，從上往下俯看沒有腰身，腹部圓潤，有脂肪垂下
9			

　　說到減肥這件事，貓咪是無法理解的。我經常遇到被醫師宣告要減肥以保持健康條件的貓咪，回家後開始演變出過度喵叫的問題。原因就是飼主突然改變了食物的分量以及給餐的次數，貓咪開始學習喵叫討食，所以幫貓咪執行減肥計畫是需要技巧的。

貓減重期的飲食調整方式

貓咪吃多少飯，是以量為基準，也就是貓咪一餐要吃三十顆飼料（或30公克），牠就必須吃到這個看起來三十顆的量才會覺得足夠。如果我們直接把量減少了，牠肯定會發現，更不用說少吃一餐了，飼主準會被抗議到天荒地老。所以假設這三十顆飼料每一顆是1卡，貓咪就會吃下30卡的熱量，假使我們挑選的是低熱量的飼料，那麼每顆是0.7卡，貓咪吃下原本牠需要的三十顆飼料，吃得得意洋洋，卻只吃下了21卡，悄悄地瘦下來。

以每公斤不超過3700卡為基準，算是低熱量的食物。每公斤超過4000卡，就算是高熱量食物了。對一隻減肥貓來說，挑選低熱量食物是關鍵，供餐的方式也可以微調，如果一天原本供餐八次，那麼改為七餐是一個方法。或是把八餐的每一份都減少10%，這樣的調整對貓咪來說是微調，還可以接受，但若原本供餐三次，直接改為兩次，貓咪就會對這樣的落差提出抗議。

∴居家生活筆記 ❖

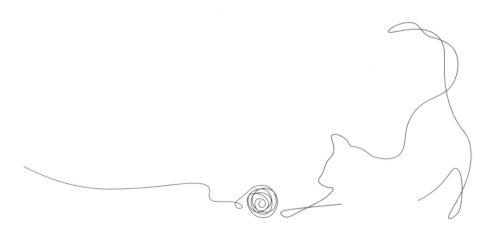

6
貓咪超愛吃零食，
該怎麼辦？

「零食」的定義

　　首先恭喜你，你已經發現貓咪的喜好，比起找不到貓咪愛吃的食物，愛吃零食是一件好事！我想你擔心的，應該是貓咪會不會因此而不吃其他健康的正餐，或是吃太多零食而變胖。不過，這些擔憂的想法，都是因為你拿人類的標準來定義「零食」。誰說零食一定是不健康的？誰說吃零食一定會發胖？

　　對貓而言，其實沒有所謂的正餐，只要牠想進食，每一餐都是正餐。當然貓咪也不需要去分辨這是消夜、點心或下午茶，牠只知道這是喜歡或不喜歡的食物。所以找到貓咪喜歡吃，並且你認為健康的食物，限量、少量給予，就可以讓這款食物發揮「零食」的價值。舉例來說，在寵物展拿到了新

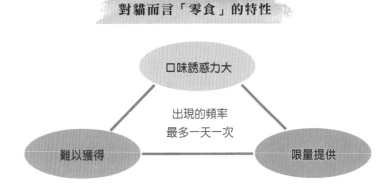

對貓而言「零食」的特性

口味誘惑力大

出現的頻率
最多一天一次

難以獲得　　　　　　　限量提供

款飼料試吃包，發現貓咪超級喜歡這個口味的飼料，表現得很激動，你就可以把這個誘惑超大的飼料當作零食，限量給予。也可以用在動作訓練、引導出門的貓咪回家、放在益智玩具裡面讓貓咪消磨時間等等，充分利用。

記得，零食的價值在於口味誘惑力大，並且難以獲得、限量提供，我們暫且將這三個要點稱為「零食金三角」，而出現頻率不可大於一天一次。如果一款貓咪原本很愛吃的食物，連續一天好幾次都由你慷慨地親自送到牠面前，幾天後，貓咪就會發現這是取之不盡食之不竭的食物，然後漸漸降低對此食物的慾望。

零食可發揮的用途

乾零食　→　搭配益智玩具
　　　　　　訓練動作
　　　　　　追逐狩獵

濕零食　→　輔助餵藥
　　　　　　訓練動作
　　　　　　持續性轉移注意力

零食的選擇和用法

養貓新手常常問我有沒有推薦的零食。當然有！我的貓告訴我上百款的好吃零食，但要推薦給你的貓，我就會小小擔心。要是我推薦了兩款，但剛好你的貓都不賞臉，那可真是考驗奴性的時刻。所以通常我會補充說明：「這幾款零食滿多貓咪都接受，成分也滿單純，吃多吃少沒負擔，不過貓咪吃不吃，還是要試試看才知道。」我想，養貓除了基本常識要有，貓不喜歡的東西飼主需要默默接受，不要期望值太高也不要得失心太重，培養這種再接再

利用益智玩具讓貓咪自己取得零食，
可滿足貓咪狩獵的天性，同時增加活動量。

屬的精神，才不會被貓挫折。

　其實零食的選擇只有兩個重點，貓咪喜歡、吃了不會過敏或拉肚子。
其次可以考量成分會不會肥胖以及自己的荷包。如果貓咪剛好都喜歡偏貴
的零食，倒也不必糾結，越貴通常也就越嗇給予，這樣正好就達成了零
食金三角。

∴ 居家生活筆記 ❖

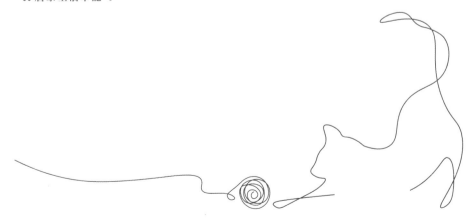

7
貓不愛喝水怎麼辦？

沒有主動攝取水分的習性

貓咪不愛喝水，更確切的解釋是貓咪不習慣主動攝取水分。因為牠們的老祖先一直都是從獵物本身攝取水分，在吞掉整隻老鼠和小鳥的過程中，獲取獵物身上一定比例的水分。因此貓咪不太會被身體通知缺水，而積極尋找水源喝水。如果把貓咪喝水這件事擬人化，就像是一個人洗好手正想將手擦乾，但是洗手台旁邊沒有擦手紙巾，就乾脆不擦了，直接甩乾手或是擦在牛仔褲上，並不想大老遠地跑去樓上最遠的房間找出擦手紙巾來完成擦手這件事。找擦手紙巾就是譬喻貓咪喝水這件事，如果喝水地點不在方便經過的位置，還需要特地尋找，那麼貓咪也就不會積極找水喝了。

水碗放哪好？

針對不太主動喝水的貓，一定要把水碗放在牠最常活動的地區，例如每天下午會去曬太陽的窗台邊，和貓經常經過的動線。因為貓咪活動是立體的3D空間，可以將水碗放置在地面以上的台面，除了可以讓貓咪在高處取得水資源以外，對於還在培養信任度的貓咪也可以多一些安心地區的選擇，減少因為害怕而不敢到地面喝水的情形。

那麼一隻貓需要幾個喝水區才夠？如果我們的目的是讓貓咪多喝水，貓咪在家中的活動範圍有三個隔間，像是三房兩廳，可以在每一區都各放一個，如果貓咪幾乎不會待在某一個房間，只是偶爾巡邏一下就出來，那這個房間可以不放。無論居住空間大小，一隻貓咪最少兩個喝水的水碗，並且分開放置兩區。

建議的水碗擺放位置

在貓咪經常活動的
區域放置水碗

在貓咪常經過、休
憩的動線放置水碗

這樣的水碗貓咪滿意嗎？

將水碗放置好之後，可以觀察一到兩週。如果貓咪完全沒有喝過某一水碗，可以考慮將它換位置。或是貓咪喝水量和尿量已得到標準，則可以將這個水碗撤掉。

除了水碗的位置，水的新鮮度也很重要。自從人類發現貓咪喜歡喝流動的水，就發明了循環飲水機（流動式飲水機），從觀感上來看水是流動的，並且自動過濾毛髮、灰塵。看起來乾淨又流動，這是優點所在，不過貓咪在意的可不止這些，最重要的還是水質是否新鮮。

若是同樣的一灘水兩三天不斷循環流動，對貓來說還是沒有馬桶、水龍頭裡的新鮮。因為水龍頭、馬桶、洗手台殘餘的水灘幾乎每幾個小時就更新，相較於你為牠準備的水碗，實在新鮮太多了！所以每日更換至少1次新鮮的飲水給貓咪，才能滿足貓咪對水的標準。

為什麼總是從我的馬克杯裡搶水喝？

相信你一定有幫貓咪準備牠的水，但是牠卻還是來喝你杯裡的水。

「一樣都是水啊？為什麼比較愛喝我的？」這是你的心裡話。

「馬克杯裡的水永遠是最新鮮的，又放在最顯眼的位置，我喜歡跟在飼主身邊，喝水真方便！」這是貓咪的心裡話。

想想看你的水和貓咪的水哪裡不一樣？先從水質來看，喝水這件事貓咪分辨得出自來水、煮沸的水、放八小時的水、放超過一天的水、別的貓喝過的水、魚缸的水（魚湯）……。你需要觀察貓咪喜歡喝哪種氣味的水，或許有例外，不過大部分都會選擇新鮮的。

這裡需要注意的是，絕對不能買礦泉水給貓咪飲用，因為不確定裡面的礦物質含量，長期飲用恐怕會造成身體負擔。比較建議的水質是逆滲透，簡單一點買過濾用的濾水壺也可以，如果買飲用水的話選擇「純水」，或是家裡燒開的水。

再來是容器，有些流動飲水器會濺起水花，再微小的水花只要令貓咪不開心，都有可能成為拒絕使用的理由。平靜的容器比較理想。如果你還不確定貓咪喜歡哪一種容器，或是希望選對容器讓貓咪多喝水，可以準備比貓臉還寬的瓷器來試試看。理論上貓咪是喜歡喝水不用把頭埋進去的杯子，但如果你的貓已經跟著你生活一段時間，並且習慣和接受了馬克杯，也沒有非得要換一種容器。記得，生活中所有的變動都要優先考慮貓咪當下的習慣。

PART 2

貓咪住，大不易

　　如果你自從養了貓之後，作息或是睡眠受到干擾，感覺生活品質下降，像是貓咪半夜不睡覺，你一不在貓咪視線範圍牠就不停喵喵叫，或是經常搞破壞。這些看似問題行為的狀況，其實一半以上都和環境有關。

　　貓咪雖然是絕佳的陪伴寵物，但因為天性，來到人類的居住環境需要和你互相「磨合」。我們的抽油煙機貓咪看了想跳，雜亂的儲藏室貓咪看了想躲。我們認為安靜且安全的家，對貓咪來說實在好無聊，沒有風可以吹，也沒有花草可以聞。

　　最重要的，是沒有活動的物體供牠們滿足每日狩獵需求，於是貓咪會把大量的注意力跟精力都發洩在你認為不妥的地方，造成你的困擾。

8
貓宅施工中

生存資源與動態環境的安排

　　理想的室內貓環境，除了生存資源要富足，還要有上下垂直活動的空間、可以攀爬的至高點、動態的環境。生存資源的部分比較容易滿足貓的要求，像是水、食物、砂盆、休息區、藏匿區，這些和貓生存必須有關的用品我們稱之為貓的生存資源。當然如果你的貓特別在意羽毛玩具、貓草球、曬太陽等等，這些也算是資源的範圍，我們可以把它理解成貓咪的財產。

　　而動態環境是指有風吹草動帶來的各種氣味、蟲鳴鳥叫帶來的各種細微聲音，還有其他小動物活動的景象，這些自然存在的動態環境不一定容易取得，取決於你的居住型態是都市還是郊區，緊密的大樓還是四面採光的住

可嘗試將陽台布置成可休憩的半戶外

家。如果戶外就有這些自然景象，那就變得簡單多了，你只需要將窗戶打開通風，將陽台布置成可以休憩的半戶外，那麼貓咪就有一個現成動態環境了。

相反的，室內如果沒有沒有打開對外窗，屋內也沒有任何的流水、小生物，也就是說只有飼主在家活動時，對貓咪來說才能出現一個動態的狀況，這樣的環境就會讓貓咪漸漸地只能依賴飼主。如果飼主長時間不在家或是晚歸，就會對貓咪造成較大影響。因為貓咪沒有自己的活動和事情可以執行，並且年紀較小的貓咪，就會把精力集中消耗在飼主回家的這段時間。通常這類的狀況飼主都會抱怨，「我沒看過我的貓熟睡。」

提供動態環境的目的，是讓不能外出的貓咪有感官的刺激，即便是一陣風把落葉吹落，貓咪都能夠被會動的物體給吸引。牠們先是會鬍子往前延伸，完全定格地盯看，有時候也會壓低身體的盯看，算計距離，可以的話會埋伏。即便是行人、車子，看似無聊的風景，也能提供牠們做為一隻貓每日該專注的任務。除了看到其他陌生的貓咪，任何景物都能帶給你的貓歡樂。

貓咪生活需要的標配

透明對外窗 / 落地窗

對外窗的風景對貓咪來說就像是看電視一樣有趣，雖然是同樣的場景，卻發生著不一樣的事情。不難觀察到貓咪會在窗邊待一個下午，或是挑有太陽的時候來做日光浴。有些貓咪甚至會像蜘蛛一樣掛在紗窗上，這是因為他認為爬高才能看到牠所好奇的世界。所以將窗戶視為貓的一個重要資源，把窗戶布置成貓咪可以好好休息的區域，是室內貓必須的擁有的。

兩個便盆

部分的貓咪習慣將尿尿和大便分別在兩個地點排泄，準備兩個便盆分開不同地點擺放，可以觀察出你的貓有沒有這個需求。即便貓咪在兩個砂盆都

客廳住宅貓化示意圖

動態環境：有上下垂直活動的空間、可以攀爬的至高點

生存資源：水、食物、砂盆、休息區、藏匿區

有尿尿和大便的習慣，擺放兩個在不同地點還是需要的。萬一其中一個便盆較髒時，貓咪還有第二個便盆可以用。或剛好其中一個便盆所在地點出現貓咪遇到不敢過去的情況，例如家裡有陌生人，也能讓貓咪還有另一個便盆可使用。

兩個水碗及兩個食盆

這裡所指的兩個，是指兩個碗在不同地點。如果兩個碗在併排或是在碗架上，按照貓的邏輯就只有一個。

幾個專屬睡窩

貓咪會在家裡自己尋找喜歡的地方睡覺。沙發、床、櫃子上，不時都可以發現貓咪呼呼大睡。那麼為什麼還要準備專屬睡窩呢？如果家裡的成員較單純，並且貓咪和每一位家人信任度都很高，共同使用沙發或床不會有衝突。

假使發生一種情況，是膽小怕生的貓咪遇上了陌生人來訪，沙發就有了不方便使用的時候。貓咪又沒有其他好選擇的狀況下，就會失去好好睡覺的區域。當然如果家中還有很多其他睡覺區，這個影響就不大。如果不是特地買寵物睡窩，但是把家裡一個抽屜或是一張椅子準備給貓咪使用，那麼這個專屬睡窩也是成立的。

幾個貓抓板

貓咪在家裡經常活動的區域會磨爪來標記領土，標記的點遍布整個家。我們以區域來看，客廳算是一個區域，房間算是一個區域，只要是貓咪使用率高的區域，都會需要在此處留下抓痕。所以在客廳放了貓抓板而房間沒有，貓咪就會在房間尋找適合的材質磨爪，並不會為了磨爪而跑去客廳抓抓板。磨爪用品建議每一區至少一到兩個，如果住家是有樓上樓下這樣分層的空間，每一不同樓層也是要在每一區放一到兩個，可以省略貓咪幾乎不使用的空間。

1. 現有的窗戶可以加裝鐵架讓貓咪可以和窗戶平行，由高處往下俯視。
2. 落地窗可以安裝吸盤吊床，貓咪才能看得到風景。
3. 或是將貓跳台、置物櫃放在窗邊，給貓咪一個好視野。

🐾 安全庇護所 🐾

　　庇護所的定義是貓咪認為這個地方是最安全的，只要躲在這裡就能夠避掉所有危險。這個不需要特別替貓咪準備，貓咪會在家中自己找到牠認為隱密的躲藏區，大部分是床底下、沙發底下、櫃子上方或更衣室裡。我們只需要在貓咪躲起來時，完全不看牠也不把牠找出來，那就可以了！會使貓咪認為這是一個牠能夠好好躲藏的地方，一旦遇到突如其來的驚嚇，有個藏身之處。反之，如果把貓咪找出來，就會讓貓咪認為無處可躲，剝奪了貓咪的安全感。

　　跳台的功能不只是給貓咪上下跳躍，主要是跳台的材質能讓貓咪爬、抓，而且造型像樹一般地展開休憩和躲藏空間。貓跳台的材質幾乎都是非常吸引貓咪的粗糙面，能夠滿足貓咪盡情攀爬和破壞的欲望，可以說是養貓的必需品。

9
沙發保衛戰！

貓咪為什麼愛抓沙發

　　沙發的天敵我想應該就是貓，甚至電腦椅、餐椅⋯⋯各種椅子都無法倖免。而我最常聽到飼主無奈地表示，「我已經買貓抓板給牠了啊！還是抓沙發。」我也親眼瞧見各種標榜防貓抓布材質的沙發被抓到見骨，不誇張，就是泡棉被掏空，可以看到裡面的骨架這般的程度。

　　你問：「貓愛抓沙發是天性嗎？」我會說：「是！」既然是天性，能夠改變嗎？我們與貓的相處之道，一直都講究以妥協來換取生活的和諧。強調順應天性也並不是任由貓咪給自己生活帶來負擔，而是了解貓咪抓沙發的原因，然後給予應對的方式。這樣的觀念不只存在於保護沙發，還包含其他生活中的大小衝突。

先來了解貓咪為什麼抓沙發。

表面上來看，大家了解貓咪有磨爪的需求，而磨爪真正的目的是留下指尖費洛蒙。費洛蒙是一種存在於貓身上，由多種成分組成的氣味。貓咪就依賴費洛蒙來表達自己現在的狀態，也達到傳遞訊息給同類的作用。磨爪在沙發上，可以用氣味留下標記，同時也留下抓痕產生視覺上的標記。這些標記行為，就是貓咪每天必須完成的例行公事。

磨你貓抓板，拜託別動沙發的主意！

你知道你的貓咪偏愛抓哪一種材質嗎？瓦愣紙的觸感我想是符合大眾貓的，再來是劍麻、香蕉葉、十字交織的地毯、網狀電腦椅、瑜伽墊……這些是大部分會被貓咪鎖定的類型，材質上的不同對貓來說各有所好，而這些物品的共同點是有細微的孔洞，是最佳的磨爪神器。

如果你還沒選購沙發或是考慮換一張新沙發，可以選擇本身材質較不吸引貓抓的，這樣保存完整沙發的成功率很高。因為沙發的面積非常大又非常舒適，就算再怎麼環境管理，當貓咪踩踏過牠喜愛的材質，就很難克制天性的呼喚。因此請不要挑戰貓咪喜愛的材質，通常是十字交織的布類。

貓咪還有一個抓沙發的理由，就是牠絕對會在自己睡覺地點的附近磨爪。這裡不是要大家禁止貓咪睡沙發，我認為這比解決抓沙發難度更高！我們可以為貓咪準備其他休息區，大大增加牠去其他地方睡覺的機率，那麼就會讓貓咪只是經過沙發，不是那麼堅持在這裡睡覺、磨爪。

假如你真的很希望可以和貓咪一同在沙發上看電視，共度美好時光，可以在沙發扶手上蓋上一塊牠愛抓的毯子或嗜睡窩，等於在沙發上指定區域，讓貓咪保有自己的小座位。這可以讓已經很習慣來這邊磨爪的貓咪好好地磨你可以接受牠磨抓的物品。如果你再更要求，希望沙發保有專屬人類使用的視覺美感，可以挑貓咪愛抓的布類當抱枕，圖案最好是花一點。將這兩三顆抱枕大方地擺在沙發上，自己看了覺得開心，貓咪也抓得開心！

貓咪愛抓的材質

紙類

布料

其他

瓦楞紙

劍麻材質
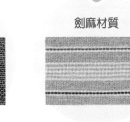

網狀電腦椅
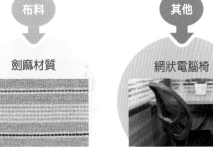

香蕉葉材質

瑜伽墊

十字交織布料

共同特徵　表面有細微孔洞，利於磨爪

10
馴服貓咪破壞王！

撞倒物品是不小心的？

養貓人的命運是否都是這樣？一定會被摔破幾個杯子、被扯壞幾條充電線、賠給房東一些家具。看別人養貓好優雅，怎麼自己養貓這麼狼狽？和貓生活在同一個空間，到底該怎麼教牠好好愛惜物品？貓咪是故意的嗎？

貓咪是非常精準的狩獵者，也就是說牠行走時能優雅地避開刀山，在重重障礙物中優雅地走台步，也能快速精準地將獵物一掌擊斃。如果你認為貓總是不小心撞倒物品，那就大錯特錯了！

「搞破壞」的常見情境

😺 情境一：跳上櫃子，把東西撥下來 🐾

貓咪用手手慢慢推，將物品從高處撥掉到地面，完全是天性使然。對於如手掌般大的小東西，牠們會出現遊戲和探索行為的觸碰，如果摔壞的不是收藏品，我想你應該覺得很有趣，一點都不困擾。

要讓這些小東西好好待在架上並不困難。一次都摔不得的傳家之寶，請收拾好或是保護好。摔了幾百次的小東西，請不要在貓咪面前將東西放回去，這樣做是給予貓咪更多的回應，就會變成你們之間牠丟你撿的互動。

你可以準備三到五種專門給貓咪推倒的小物品，寶特瓶蓋、筆蓋、不喜歡的公仔，或日常牠喜歡撥弄的小東西……等等。平日裡只要貓咪在桌上或

櫃子上，就把這些小物品放在貓咪眼前的桌子邊緣，貓咪很自然地就會將這些物品推下墜地，你再將此物品當著貓咪的面撿起來放回桌邊。重複幾次後，你就成功建立出新的墜樓遊戲了！

用手慢慢推動物品，是遊戲和探索行為的觸碰。

🐾 情境二：跳上液晶螢幕，螢幕快倒了 🐾

人面對著螢幕使用電視或電腦時，就會觸發貓咪過來踩螢幕，也有些貓只會踩鍵盤。這是貓咪的神奇之處，牠們都知道在人類面前晃來晃去可以成功引起關注。貓咪喜歡做這件事情有三個原因，一是發熱的電器又是獨立一個台面，在冬天裡簡直就是絕佳的享受。第二個原因就是百般引起你的關注啦！尤其在牠爬上電視之後，你會將牠抱下來或是用玩具引開，貓咪很可能因此重複學習到引起關注的方法。第三種原因就是剛好電視的所在位置是一條路徑，必須經過才能去到某些台面或是高處，這樣我們就安排另一條更簡易好走的路，讓貓咪不踩電視也能去牠想去的地方。

也許螢幕所在位置是一條路徑，必須經過才能去到另一處。

情境三：飛簷走壁，處處留下爪子痕跡

貓咪在跳躍時會反射性地伸出爪子，是因為需要施力以及攀爬的關係。尤其活動力較旺盛的幼貓，以及特喜歡跳上到高處休息的貓咪，家中就容易發生傢俱傾倒或是留下抓痕的問題。

貓咪在遊戲狩獵的時候也會衝刺和跳躍，興奮忘我時也會瞬間出現磨爪動作。因此我們要幫貓咪把這些標準分得很清楚，遊戲時可以在地毯、貓跳台、隧道等等不會造成毀壞傢俱的地區遊戲，假如不希望貓咪在沙發上留下抓痕，就不和貓咪在沙發上玩逗貓棒。

對於貓咪跳躍時抓痕的預防其實很簡單，讓貓咪想去這個地點的時候用漫步行走就可以到達，而不需要用力跳躍，那麼貓咪行走當中是無聲且無爪的。點和點之間左右距離短且上下高度接近，貓咪就會採用行走方式。左右距離長且上下高度相差超過貓咪身長，那貓咪肯定得使力跳躍才能到達。我們只要將點和點之間的路線調整好距離，貓咪自然就不會又衝又跳。

點和點之間距離短且上下高度接近，貓咪就會採用行走方式，較不會留下抓痕。

11
貓家大遷徙！

最重要的是減低貓咪的壓力

搬家對我們來說會是一件充滿期待的事，甚至我們為了給貓咪更好的環境，而在新家花了許多巧思，心想有更大的空間跑跳，更多的鳥可以觀賞，貓咪肯定會更喜歡。這樣滿心期待的情緒下，很容易忽略其實貓咪目前還無法理解接下來的日子會發生甚麼變化。平常不出門的貓咪，肯定是忐忑不安地待在運輸籠裡，呈現一團如剛發酵麵糰的姿態。除非你的貓經常愛出門探索，才有可能覺得和日常沒什麼兩樣。

從你打包行李、封箱雜物開始，你的貓就已經開始觀察到變化。而牠的壓力會從被裝進運輸籠開始，經過了幾十分鐘或是幾個鐘頭的車程後，落定到牠的新房間，都還沒有停止緊張情緒的累積。直到牠開始走來走去，正常吃喝以及排泄，才算是開始慢慢接受這個環境。

我們需要做的是讓貓咪在這個過程中以最低的壓力、最快的速度去適應新環境，並且和原本的貓咪同伴維持原本的友好關係，或是讓原本關係不好的貓咪，利用搬家的機會重新建立關係。

搬家的事前準備

除了貓咪本身必須要被移動之外，大型家俱的移動也會是令貓咪緊張的一大因素，因為這些情況平日見所未見，而且還可能有一些瞬間摩擦的大聲響。

在安排的步驟上，我們需要花一點心思，讓貓咪可以避開這些刺激。大型的家俱、電器在移動或是封箱時，可以讓貓咪待在房間裡，減少視覺和聽覺上的刺激。而這些東西也要在貓咪到新環境前先安頓好，這樣貓咪過去後就不會同時面對兩件很可怕的事情，一是新環境裡自身的安全，二是新環境裡巨大的物品和聲響。

貓咪到了新家，我該做什麼？

讓貓咪待在一個安靜且不需要移動大型物品的房間，將運輸籠打開，讓貓咪自由決定躲藏或開始探索。幼貓通常會決定立刻探索。將食物、水、砂盆暫時安置在此房內，觀察貓咪使用狀況。這段時間可以不需要和貓咪遊戲、互動、講話或試圖安撫，貓咪需要自己去觀察新環境，等牠認為安全了，才會進行下一步，飼主只需要靜靜觀察貓咪的需求與狀況即可。

應事先準備好的物品確認清單

項目	確認	備註
貓咪日常磨爪的抓板	O / X	
熟悉的紙箱	O / X	提供貓咪熟悉的氣味,紙箱還能提供躲藏空間,讓貓咪躲起來觀察新環境。
睡窩	O / X	
毛巾或毯子	O / X	
輔助品（費洛蒙噴劑 / 插電費洛蒙）	O / X	噴劑效果較直接、快速發揮,用於外出籠、新環境的各個角落。 一罐插電費洛蒙可以在新環境維持一個月,多貓家庭建議使用。
運輸籠	O / X	即便貓咪平日很討厭運輸籠,在外卻會變成貓咪安心躲藏的地方。信任度高的飼主也會是貓咪在新環境需要依賴的好夥伴。

兩貓以上的搬家小插曲

有些貓咪們平日裡關係友好或還算和平,在原本環境裡相處了好幾年都沒有出現什麼衝突。即便如此,在搬遷過程以及到了新住處的前一至兩週還是要細心觀察,看看貓咪之間有沒有哈氣或是低鳴的聲音,或是其他緊張的肢體語言。

如果貓咪發生以上這些行為來預告自己的緊張以及避免衝突,我們就必須把緊張的貓咪隔離,讓牠躲藏或是單獨熟悉新環境。等牠弄清楚新環境的地形和動線,你會發現牠開始恢復以往的食欲和互動,這時候牠情緒穩定了,才有辦法去接納原本的同伴。

PART 2 貓咪住,大不易 67

搭乘交通工具時，比較害怕的貓咪會縮成一團、呼吸急促、瞳孔放大。

　　把貓咪帶離牠們熟悉的領地前往未知的環境所產生的壓力，會讓貓咪產生負面情緒。在搭乘交通工具的過程中，你會觀察到貓咪縮成一團、呼吸急促、瞳孔放大，這是比較害怕的貓咪。若你的貓咪是一路上不休息地連續喵叫，那也代表有某種程度的焦慮。在運輸過程中，每一隻貓咪都要有自己的運輸籠，做好百分之百的肢體隔離，以免貓咪緊張的狀況下會直接對同伴翻臉不認貓。

　　即便以往曾經搬過家，每一次搬遷，也可能因為貓咪年紀的不同或是近期生心理狀況不同而抗壓性不同。因此，每一次都比照標準流程辦理是最安全的。

到了新家，貓咪一直叫怎麼辦？

　　貓咪到了新的環境開始正常吃喝拉撒睡之後，還是會時不時走來走去、邊走邊喵，甚至直接對著大門口喵叫。剛領養的貓也有此狀況，畢竟對貓來

說是搬新家沒錯，代表貓咪還是想回到原本生活的地方，以及對新領土的不確定。

這樣的情況大概會持續兩週左右，飼主可以依照貓咪的喜好，盡可能安排很多轉移注意力的好玩事。對付愛吃的貓咪，給牠各種加菜，給牠各種益智遊戲搭配高等級零食。對付愛玩的貓咪，給牠多次的逗貓棒遊戲，尤其是你觀察到貓咪容易去門口喵叫的時段，就集中在這個時段玩遊戲。維持其他貓咪和你的日常互動，例如踩踏時間、梳毛時間、看風景時間。

只要是貓咪喜歡的法寶，都可以拿出來分散貓咪突然想回到原本領土的注意力。讓貓咪盡快理解到在新家的生活和原本大同小異，慢慢降低焦慮同時也慢慢習慣。

兩隻以上的貓搬遷 需要安排先後順序嗎？

這分為兩種情況，一是原本同一家庭的貓咪成員，二是原本不同生活地點的貓咪成員。原本同一家庭的貓咪成員需要同時一起搬遷，確保群體氣味可以持續維持，讓貓咪辨識彼此。若是原本來自不同環境的陌生貓咪，可以同日或不要相差到一週以上的時間陸續住進來，當然一開始是要完全隔離的。貓咪先來後到不會影響社交地位的問題，不會有老大與老二的關係，會影響貓咪接納同伴的關鍵，在於環境資源與自身條件。

PART 3

當一隻貓成為一群貓

　　貓咪有股魔力，愛貓人士都難逃這個貓咪魔咒，有了一隻就會想要第二隻，有了第二隻還想蒐集第三隻。身為貓奴，我們很容易走上這條不歸路，但怕就怕家裡原本的貓咪不開心。為了讓貓咪們和睦共處，事前準備與挑選合得來的新貓同伴是有跡可循的！

12
養第二隻貓的事前準備

我的貓能接受第二隻貓嗎？

　　每一隻貓咪的特性都不同，我們不能確定什麼樣的貓咪一定能被家中原本的貓咪接受。我常常聽到飼主說，曾經帶自己的貓咪去朋友家，貓咪見到朋友的貓沒多久就玩在一起了，所以自己的貓是很親貓的。

　　這樣並不能全然判斷貓咪一定「親貓」，有可能只是剛好接受這一隻貓，也有可能當時兩隻貓咪年紀尚輕，因為幼貓和幼貓幾乎沒有不相容的問題。而且換了一個環境，貓咪的相處也會受到影響。後來這位飼主帶回了新的貓咪，就發生了打架問題。

　　所以貓咪能不能接納新貓，最主要是看現有環境資源能否讓貓咪感到富足，並且我們的引入操作能否循序漸進讓貓咪接受。接下來幾個觀察的重點，可以提高接納的機率。

　　對於自己家的貓咪，可以做到的第一步觀察，就是測試牠對陌生貓咪的氣味有沒有不良反應。

　　將預計要接回家的貓咪使用過的玩具、毛巾帶回家放在地上，觀察原本的貓咪有什麼反應。如果只是很仔細地嗅聞檢查，隨後就離開去做自己的事，一如往常地吃喝玩樂，代表貓咪是有機會接受對方的。若連單純氣味的入侵都讓貓咪緊張得躲起來、哈氣甚至低鳴，這樣算是滿大的不良反應，建議打消帶入第二隻貓的念頭。

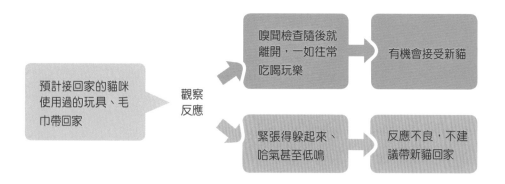

観察貓咪能否接受另一隻貓

預計接回家的貓咪使用過的玩具、毛巾帶回家 → 觀察反應

嗅聞檢查隨後就離開，一如往常吃喝玩樂 → 有機會接受新貓

緊張得躲起來、哈氣甚至低鳴 → 反應不良，不建議帶新貓回家

絕不可以「老少配」

首先，要考量貓咪不同的年紀有不同需求，因為年紀的差異，最直接的影響就是活動力的差別。

一隻貓咪到六歲以上就即將步入老貓的階段，睡眠時間變得更長，活動量變得較少，需要互動的頻率也變低。牠需要的，是維持原先的生活型態，更多單獨休息不被打擾的時段和空間。這種情況，要加入第二隻貓咪應選擇年紀相仿的，或是六歲以上至十多歲的貓。因為六歲以上至十多歲的貓咪生活作息差異不大，但離乳兩個月至三歲這個階段的貓，活動力和老貓是有很大差距的。

假使是「老少配」的組合，磨合起來就會有很大的衝突。我們想像中可能是大貓會舔小貓，或是大貓小貓依偎著一起睡覺的畫面。實際上，我們會看到小貓整天追著大貓跑，撲咬大貓，大貓逃之夭夭。嚴重的話，大貓會改變和原本飼主的互動，食欲也會降低。

因為幼貓與年輕的貓咪需要花較多時間模擬狩獵，當沒有獵物可以獵

殺，又沒有年齡相仿的同伴互相滿足需求，年輕的貓咪就會把目標鎖定在家裡的年長貓咪。當你看見年長貓咪逃跑或是哈氣，就代表狀態已經失衡，需要將兩隻貓咪分開飼養。只有在你花時間陪年輕的貓咪消耗精力，滿足狩獵遊戲後的安定狀態，才能讓兩隻貓咪相處一時半刻。

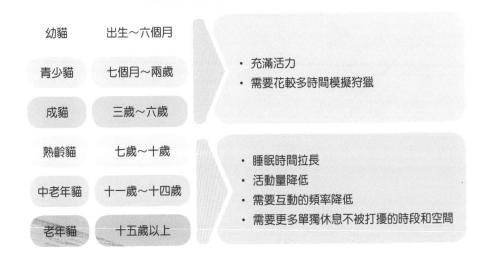

貓的各年齡階段活動需求

幼貓	出生～六個月	
青少貓	七個月～兩歲	・充滿活力 ・需要花較多時間模擬狩獵
成貓	三歲～六歲	
熟齡貓	七歲～十歲	・睡眠時間拉長 ・活動量降低 ・需要互動的頻率降低 ・需要更多單獨休息不被打擾的時段和空間
中老年貓	十一歲～十四歲	
老年貓	十五歲以上	

品種要相近，性別要相同

我們認為貓咪都是貓，其實各品種在行為上的表現是有差異的。就像是魚類都是在水裡生活，但吃水草的金魚不能和吃肉的食人魚飼養在同一水缸，是一樣的道理。

比方異國短毛貓（加菲貓）在行動上就比一般貓咪緩慢，並不是牠們快不了，而是多半行動都是緩緩的，很少有橫衝直撞的過激狀態。而暹羅貓和加菲貓就形成極大的對比。你能想像給牠們一貓一個貓草包，兩分鐘後暹羅

習性相近的貓咪分組

暹羅貓 台灣米克斯 阿比西尼亞 豹貓 俄羅斯藍貓	豹貓 俄羅斯藍貓　　　英國短毛貓 　　　　　　　　美國短毛貓
曼赤肯短腿貓 蘇格蘭摺耳貓 金吉拉	豹貓 俄羅斯藍貓　　　英國短毛貓 　　　　　　　　美國短毛貓

貓已經把它的踢得肚破腸流，而加菲貓才剛開始流口水卻還沒開始踢嗎？

這樣慢半拍的速度，會讓加菲貓在生活中頻頻吃虧。即便我們再怎麼分配公平的資源，讓牠們維持生活資源的富足，使兩隻貓達到可以共處，但假如習慣和頻率對不上，也很難有其他更友好的互動，且飼主需要花較多心力維持牠們之間的平衡。像是飼主多和暹羅貓培養互動，練習遛貓滿足探索慾望和發洩精力的正確管道，以免無辜的加菲貓成為暹羅貓太無聊而霸凌的對象。

不過，也不一定同樣品種的貓咪相處起來就萬無一失，只能說品種相近的貓咪，有較高的機會容易接納彼此的。

另一方面，性別也會影響接納程度。節育與未節育則影響不大。母貓為了要共同哺育小貓，增加生存條件，所以母貓和母貓之間的接納程度最高。其次是公貓與公貓。而公貓和母貓的接納程度相對較低。

性別配對接納程度

性別配對接納程度較高 →		接納程度最低
母貓	公貓	公貓
+	+	+
母貓	公貓	母貓

須考量貓咪本身個性

這裡提到的「個性」，是指飼主平常觀察到貓咪對於事情的反應。當貓咪面對美食和獵物誘惑的當下，也最容易顯現牠們的「個性」。

在兩隻以上的貓咪群體中，零食當前總是搶第一。

狩獵遊戲中也是衝第一的貓咪，我們可以說牠是比較自信的。相較於面對零食誘惑當前，卻站在後方不願意向前和其他貓咪擠著吃，這樣的貓咪是較缺乏自信且容易挫折的。而如果是年齡稍長的貓咪，不願意與其他貓咪有過多肢體接觸，也算是正常範圍。

在執行狩獵遊戲時，可以觀察出貓咪活動力的高低。可以用逗貓棒和貓咪單獨遊戲，有些貓咪連續狩獵五分鐘就已經側躺休息，有些貓咪可以持續超過二十分鐘。挑選戰力相當的貓咪做為同伴很重要，可以避免他們相互追逐模擬狩獵時好好開始，卻因為其中一隻已經想要結束遊戲，另一隻又被點燃戰火停不下來，最後哈氣收場。

∴ 居家生活筆記 ❖

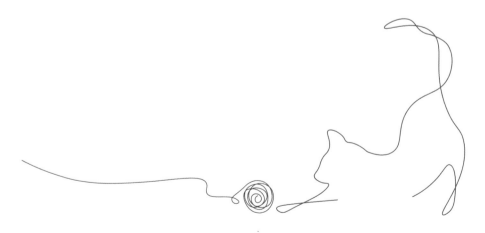

13
迎新貓到來前的準備

不讓家裡貓咪感到被干擾

要迎接一個新的成員，對原本的貓來說，最重要的就是不能感受到生活資源被剝奪或是不安。必須維持原本貓咪的日常所需，包含食物、資源、活動的動線、使用的物品，和飼主日常的互動，都必須盡量保持不受干擾。

先觀察原本的貓咪每日作息，像是幾點會在哪裡看窗外、休息、吃飯、上廁所，再考慮新貓到來時，安置在哪一個獨立空間對原本貓咪的影響是最小的。新貓剛來或許適應良好，很快地就探索整個家，到處佔地為王，看見食物就吃，舒適的窩就睡。這些資源都是原本的貓獨享的，原本的貓就會感受到被剝奪，理所當然不會對新來的貓有好印象。

為了避免此狀況發生，需要幫新貓準備牠自己獨立的一套生活用品，並且安置在新貓獨立的空間，等到兩隻貓都習慣彼此氣味的存在，並且確認生活中沒有任何打擾，未來才可以共用資源。

介紹貓咪認識的「新貓引入」步驟

🐾 貓咪完全隔離，彼此看不見 🐾

貓咪突然在自己家中看到一隻陌生的貓，是很大的刺激，而且通常會產生負面的情緒，認為自己領土被入侵了。所以一開始的隔離需要完全不會看見對方。當貓咪聞到另外一隻貓的味道也算是一種刺激，但是刺激程度比較低，而味道無法隔離，會自然存在於家中的空氣，所以飼主不需要刻意幫

忙，貓咪就會有氣味的交流了。

一至二週只進行氣味熟悉，錯開使用公用空間的時間

當新貓準備好出房間探索，可以每天分成至少兩次數十分鐘時間到公共空間放風。探索之餘會走動、觀察，熟悉一些後會開始標記，這時候就會將很多的氣味和訊號留下。待新貓回到隔離空間時，再換原本的貓咪出來公共空間走動。這時原本的貓咪就會去檢查這些味道留下的訊號，同時一步步在熟悉新貓。

注意！
即使已隔離兩週，也不可貿然讓兩隻貓近距離接觸，並且需使用網格隔開至少三公尺。

遠距離、短時間視覺接觸

由於我們不能確定一開始貓咪見到彼此的反應是否兩隻都是正面態度，也不能採取「試試看」的方式，所以必須做最有把握的操作：讓兩隻貓距離起碼三公尺以上，各自做喜歡的事情。可以是睡覺、吃肉泥、吃罐頭。打開隔離的房門，讓牠們見上二到五秒，觀察貓咪是不是能夠繼續進行熱愛的事情。如果繼續睡覺，也是很好的。不是貓咪睡著了不知道，而是因為貓咪對於外在的動靜感到安心，才會繼續休息。

使用吃罐頭時間讓牠們見面，且兩隻貓咪願意繼續把食物吃完，這樣

的情況也是好的，因為貓咪感到緊張害怕時，是不會繼續進食的。在這個階段，主要任務是觀察，以及每一次見面都必須以秒計算，短時間視覺接觸，每天視情況練習三到六次。

🐾 遠距離、較長時間視覺接觸 🐾

當貓咪都已經習慣這樣的相處模式，你會發現牠們越來越不會持續看著對方，或是看一眼就撇頭做自己的事，甚至好像沒看到一樣，這些都是不在意的表現。而「不在意」就代表彼此感到放心。但僅限於這個距離和這個情境而已。發現貓咪進步了，就可以開始拉長看見彼此的時間，從原本的看到五秒鐘就隔離，拉長到吃完罐頭裡毛後才隔離，視情況每次五至十分鐘。整個拉長的過程是漸進式的，每日增加分鐘數，而不是五秒鐘一下子增加到五分鐘。

新貓引入步驟

1. 貓咪完全隔離，看不見彼此
2. 只進行氣味熟悉，錯開使用公用空間的時間
3. 遠距離、短時間視覺接觸
4. 遠距離、較長時間視覺接觸
5. 使用網格，觀察貓咪自主接近對方的反應
6. 飼主沒有監督時仍需隔離
7. 每一次監督時都沒有發生衝突，持續二至八週以上
8. 引入完成

使用網格，觀察貓咪自主接近對方的反應

貓咪認識彼此的過程，是由貓咪自己決定是否接近的。我們需要幫牠們維持足夠後退的距離和躲藏的後路，並且在每次見面時，用貓咪喜歡的事來使牠們關聯到輕鬆愉快的氣氛，同時也分散牠們持續盯看的注意力。

架起網格，是為了確保彼此不會有肢體接觸，以免打過架後前功盡棄，很難再修補關係。另一方面就是要拉長時間，讓兩隻貓咪觀察彼此行為是友善的、沒有威脅的。理想的狀況，是貓咪隔著網格各據一方做自己的事而不緊盯對方，那麼就可以持續使用網格來延長貓咪能夠看到彼此而不會碰到彼此的時間。

飼主沒有監督之下仍需要隔離

接下來，你會看到貓咪會偷聞對方屁股或是短暫幾秒鼻子碰鼻子，都是想認識對方的表現。雖然使用網格時貓咪們一片祥和，仍然不可以操之過急完全解除隔離。當貓咪不使用網格時，都必須有飼主在家監督，並且持續分散注意力，讓牠們各自玩耍活動的時候都是被控制好局面的。

每次監督下都沒有發生衝突持續二至八週以上，才算完成

衝突是指哈氣、弓背豎起毛髮、逃跑躲藏的反應。在整個進行的過程中，監督是反覆確保貓咪能夠接受現在的進度，才前往下一步驟。把握好原則循序漸進，才不會導致衝突。從開始見到彼此的第三步驟算起到第六步驟，過程中完全沒有發生衝突，大約會再需要兩週到八週的觀察，才可以解除隔離。

新貓引入的過程需要多久？

　　新貓引入的過程必須緩慢進行，且需要貓咪對彼此都表現得不緊張也不在意，才能進入下一步驟。成貓和成貓之間順利完成的時間大約四至八週，如果兩隻貓咪各自的情緒狀況穩定，剛好都是有自信、適應力較佳的類型，飼主可以每天都觀察到貓咪進步一點。假使新來的貓咪可能剛經歷手術或發生過其他令牠害怕的事，那麼到了新家會需要較長時間平復，才能開始放鬆去接納其它貓咪。

　　四個月以下的幼貓和幼貓之間幾乎沒有引入失敗的問題，當天就可能玩在一起、睡在一起，和成貓相較之下比較沒有壓力的問題。

∴ 居家生活筆記 ❖

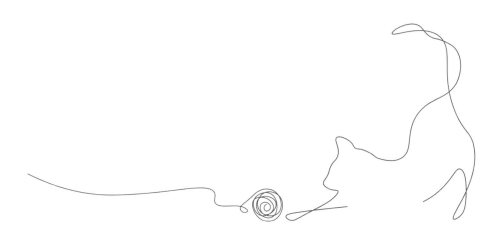

14
貓咪之間水火不容時該怎麼辦？

貓咪不合，平常就有徵兆

我們很常聽見飼主形容貓咪「床頭吵，床尾和」，有時候可以一起玩樂、吃點心，有時候又打鬧哈氣，像小孩子一樣鬧脾氣。

凡事都一定有原因，貓咪並不是故意「鬧脾氣」來表達不滿，我們看到一隻脾氣容易爆炸的貓咪，通常是因為負面情緒還沒平復下來又再度受到刺激。貓咪一旦受到刺激產生負面情緒後，恢復平靜到標準值的時間沒有我們想像中快，會持續影響好幾日甚至一兩週。生活環境是否足夠讓貓咪安心恢復到標準值，是否有其他事件持續刺激，都會影響貓咪恢復速度。

新舊貓錯身時，
刻意保持距離。

貓咪不合的狀況，其實平常就有徵兆了。只不過日常生活中細微的衝突我們不易察覺，因為貓咪的表情不夠豐富明顯。在可以選擇的情況下，大部分貓咪會選擇避開衝突，你可以觀察到牠們行走時如果刻意與對方保

持距離或是繞道，又或者在另外一隻貓活躍時尋找隱密地點、制高點避免接觸。如果資源取得必須冒著被另外一隻貓霸凌的風險，也有可能產生憋尿、少吃的情況。

但假如遇到某些特定狀況無法避開，或者貓咪太想要這個資源，衝突就會發生，而飼主往往看到的是這個最明顯的「突發狀況」。所以，貓咪的衝突問題是首先調整好貓咪各自的情緒，以及把造成衝突的環境資源分配妥當，讓貓咪相信生活不用和同住的貓咪起衝突。

因為資源而產生的衝突

先來看看日常的小摩擦。當你聽到貓咪之間哈氣，或是看見貓咪連續出拳但沒有撲咬上去時，就應該正視這個問題。看一下環境中的資源是什麼，通常是食物、水、睡覺的地方、窗台，或你觀察出貓咪喜歡的其他事物。將這些資源分散或增加是最基本的處理。

雖然置之不理的結果，貓咪也會哈氣完原地解散。但若同樣的衝突原因一再發生，久而久之也會加深兩隻貓彼此的厭惡感。厭惡感提高，接納度相對就會下降，兩隻貓在飼主眼中就會天天上演爭奪戰。

因為不熟悉而造成的衝突

原本兩隻完全不相識的貓咪，突然有一天住在同一個屋簷下，其實是不符合貓邏輯的。就像我們，一定是和自己的家人或非常信任的人才會共同生活在一間屋子裡，並且一開始都是在家以外的地方慢慢認識。當自己家裡，尤其是臥房，突然出現一位你見都沒見過的人豈不是令人很意外？你可能會有所期待多了一個好朋友，也有可能覺得房間已經不夠用了還來一個人多麻煩？同時你會時刻觀察這個陌生人的一舉一動，他做的每一件事都成了讓你評斷他是好是壞的標準。你這麼做的目的，是為了確認一起生活能不

資源集中與資源分散示意圖

貓咪們的砂盆、食盆集中擺放，會形成資源在一起的環境。

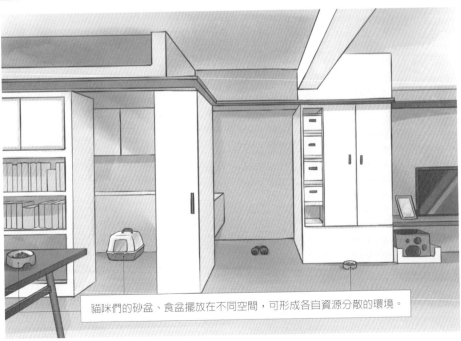

貓咪們的砂盆、食盆擺放在不同空間，可形成各自資源分散的環境。

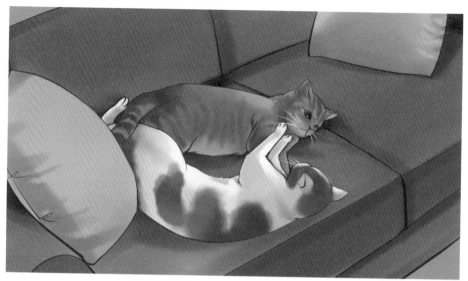

貓咪直接在沙發上睡覺，可能較容易吵架。

沙發上左右各放一個睡窩，讓貓咪各自有放鬆的領域。

能帶來好處，以及共同生活會不會有威脅性，這都是在我們的生存空間需要基本安全感的原因。

　　獨居主義且需要領土安全感的貓也是一樣，當我們帶新貓回家，就直接進入了原本貓咪的核心區域，相當於進入我們的客廳。兩隻貓都需要保持適度的距離，也需要一段時間讓相互觀察彼此的狀況是具威脅性還是友好的，這部分也就是飼主要下功夫按部就班進行「新貓引入」的原因。大部分新貓引入失敗是因為進展太快，還沒讓每一隻貓咪完全放鬆下來就見面，或是距離太近。

　　如果兩隻貓咪已經可以同時在彼此附近吃飯，只能確認牠們在這個時間地點和所做的事情是已經彼此熟悉的，而貓咪們也只相信在這樣的狀況下彼此是可以和平共處的。

　　如果貓咪沒有充分觀察過另外一隻貓的各種狀態，就會不確定貓咪特定狀態的威脅性。像是突然看見對方興奮爆衝把東西撞倒，兩隻貓可能都會嚇到。牠們不會像我們一樣能看懂事情的緣由是因為「不小心撞倒了東西」這個意外，而會直接關聯到對方是不可控制的、危險的。

　　但如果是貓咪彼此之間已經非常熟悉且友好，結局就會不一樣。看到另外一隻貓突然爆衝的情況，會辨別這件事並不帶來威脅，即便衝撞到物品掉落產生巨大的聲響，也不見得會關聯到是另一隻貓造成的。也就是說當貓咪彼此信任度不夠，也不夠了解對方的一舉一動，任何出乎意料的行為都可能造成緊張或是誤會。即使一陣大風把門吹得「碰」一聲關上，無辜的貓咪可能也會背上黑鍋。

　　貓咪需要靠自己的觀察，才能評斷對方的存在安全與否。所以飼主在操作時，就是讓兩隻貓見到彼此的每一次都是安全的、沒有威脅性的狀況，一次一次去提升他們信任度，幫助牠們留下正面印象。

15
貓咪會不會吃醋？

貓咪真正爭奪的，是你手上的東西

　　吃醋，一般指男女之間的情感中，因為佔有慾而妒忌其他競爭者。然而，也可以形容在親子關係中孩子們爭寵的情況。

　　我們經常將自己的角色定位為家長，而貓咪們就是毛小孩。所以當貓咪之間鬧不合的狀況發生在自己周圍，就很容易猜想貓咪是不是吃醋了。因為人類有豐富的情感，有吃醋、爭寵的情緒，但是神經元簡單的貓咪並沒有發展出這套邏輯。

理性從行為的角度來看這件事是這樣的，當有不喜歡的貓同伴出現時，貓咪會選擇迴避。為了迴避同伴，就會改變與飼主的互動，甚至迴避飼主，因為飼主身上也沾滿了牠不喜歡的氣味。當飼主拿出零食、貓草或其他同時吸引兩隻貓咪的物品，貓咪又不得不靠過來爭取，這時飼主看來就變成一個被競爭的資源，貓咪就會相互揮打。所以，貓咪真正爭奪的其實是飼主手上的東西呀！

不過，也有可能飼主沒有拿任何吸引貓咪的物品，但是與貓咪關係非常要好，也會讓飼主本身成為貓咪爭奪的資源。例如貓咪很喜歡在飼主坐在沙發時睡在飼主大腿上，這對貓咪來說，是一個舒適且有互動的大腿休息區。

答案是很肯定的，貓咪並不會吃醋。

有些情況的確容易讓飼主誤會是貓咪在吃醋，當新貓加入而原本的貓咪縮在角落遠離飼主時，或者兩隻沒有完全接納彼此的貓咪同時靠近飼主會揮揮貓拳時，都很像是賭氣或是爭寵。

我聞出來了，你不是我的朋友！

我遇見過許多盲貓，走路時能夠跨過門檻不被絆倒，跑跳時更是靈活，看不見也能一秒飛上跳台，玩逗貓棒也照樣狩獵成功，完全看不出有任何不方便，甚至能夠找到憋著氣動也不動的飼主。

我也遇見過一些聾貓，牠們聽不見，沒想到世界更美好了。外出不受到汽機車發出大聲音的影響，牠的世界一片寂靜，因而不受到驚嚇，成為一隻看起來膽子頗大的貓。

失去了視覺和聽覺，對貓的生活似乎沒有太多負面影響，也沒有因此受到同伴排擠或霸凌。

說到貓的三個重要感官，沒有了聽覺，還有眼睛和鬍子能夠測量距離。沒有了視覺，還能夠靠耳朵和鬍子幫忙。但沒有了嗅覺，貓咪無法搜集訊

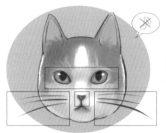

失去聽覺時，以鼻子、眼睛和鬍子
為主要感官。

失去視覺時，以鼻子、耳朵和鬍子
為主要感官。

失去嗅覺時，難以蒐集訊號。

號，無法找到食物，不能夠確認食物是否新鮮可食用，也不能夠確認附近的
敵人是什麼情況，這對貓來說幾乎是無法生存的。我們要知道，嗅覺在貓咪
生命中扮演舉足輕重的角色。

　　許多飼主急忙求救，說貓咪洗澡後六親不認，對著平常要好的貓同伴哈
氣追打，或是被追打。以我們的立場來看，貓咪真的很奇怪，為什麼洗了澡
就好像不認識一樣，有那麼嚴重嗎？

　　同樣的問題，也可能發生在貓咪去了醫院回來之後。在醫院短暫停留
或許還好，但住院回來的貓咪一定要和家裡的貓咪先隔離，甚至需要重新引

入。這是因為貓咪相信自己的嗅覺更勝眼睛看到的狀況，而人類都是「眼見為憑」來確認周遭的狀況，記憶回家的路、認識的人。我們必須了解像貓咪是用鼻子確認對方是不是認識的貓，這就是人和貓咪很不一樣的差異。

因此，我們需要幫貓咪注意「維持群體氣味」這件事。一但氣味改變或是消失，貓咪就無法辨識出原本的同伴，當牠們經過彼此身邊，就會立刻拉起警報，以哈氣或是怒吼的方式，試圖嚇退入侵者。

貓咪藉由磨蹭留下氣味。

依賴群體氣味辨識同伴

貓咪靠著互相磨蹭來建立群體氣味。這個氣味是一種費洛蒙，透過貓咪皮脂腺散發出來，藉由磨蹭和磨爪在環境中留下氣味。

貓咪是依賴群體氣味來辨識同伴的。有些飼主嘗試讓兩隻貓咪同時洗澡，洗同樣一款洗毛精，認為這樣牠們的味道就會一樣，結果卻還是相互哈氣收場。這是由於即使貓咪身上被覆蓋了一樣的味道，也不能讓貓咪認為彼此是同伴，洗毛精的味道不能取代貓咪的費洛蒙，而洗澡這件事已經將原本的費洛蒙洗掉，才導致貓咪辨識不出同伴。

群體氣味是需要重複建立的。如果將兩隻貓咪分開一段時間沒有重複建立，味道就會改變或是消失，所以當牠們再度相遇時就會不認識彼此。我們很難確切說明分開多長時間會讓貓咪群體氣味改變，這會受到貓咪所在環境影響。住院或手術的情況通常僅幾個小時就會改變，因為醫院的環境裡同時有很多其他的貓，以及貓咪平時沒有接觸的氣味。

如果是帶貓咪外出散步幾個鐘頭回家，或是帶貓咪回老家三到五日是沒有太大問題的。前提是貓咪外出沒有和其他的貓咪混在一起，老家的環境是貓咪熟悉的人事物，這樣就沒有太多改變氣味的因素。

不過，每一隻貓咪的狀況不同，每一個環境都可能產生變數，最保守的做法是在每一次分離再次重逢時，就先隔離觀察，確認貓咪之間的反應還是和之前一樣友好的打招呼後，才能夠解除隔離。

16
不只有貓，還有狗！

我的貓能和狗狗和平共處嗎？

遇上貓狗「大戰」時，究竟應該訓練狗狗還是調整貓咪？貓真的可以和狗狗和平共處嗎？無論是狗狗被打到滿地找牙，還是貓咪被追到飛天遁地，調整方法都一樣：訓練狗狗，並調整貓狗共同生活的環境。

貓狗不對盤的主要原因

情況一

活潑幼犬、獵犬、梗犬、牧羊犬這些類型的狗狗，喜歡追逐快速移動的小動物，在家追貓外出追車。幼犬因為需要大量互動和關注，需要用嘴巴探索物

品，學習與共同生活的人和動物遊戲。而牧養犬和獵犬則是有追逐移動物體的天職，並且擁有源源不絕的體力，追逐和狩獵就是牠們的使命。

當狗狗有這樣的天性和需求時，我們需要將這個天性建立在你允許牠做的事情上，像是多帶狗狗出門散步，平日裡一天至少三次。假日有空時可以去較遠的地方讓狗狗多多學習戶外的新鮮事，否則在家中太過無聊，就發展出和貓咪大眼瞪小眼，越打鬧越有成就感的狀況。

在家裡，可以和狗狗玩玩具或是賦予任務，像是拔河、你丟牠撿、教狗狗辨別物品，幫你找出你要的東西。狗狗一旦進入「mission impossible」狀態，就沒有太多心思管貓咪了。狗和貓不同，狗狗在被賦予任務時是開心的，願意替主人完成的，飼主的任何關注都能夠讓狗狗獲得滿滿的正能量。如果在發生和貓咪打鬧的狀況下取得關注，就會不經意讓狗狗從這件事獲得正能量，也就相當於獲得獎勵。所以，狗狗沒有追咬貓時，我們就應該先賦予狗狗任務，轉移狗狗的注意力，減少將目標放到貓咪身上的機會。

情況二

狗狗其實很膽小，對著貓咪吠叫引來飼主的關注，而飼主每一次的關注都強化了狗狗對貓咪緊張的關係。如果緊張的狗狗遇上對狗狗社會化良好的貓咪，狗狗會發現貓咪不太有反應，幾次以後自然而然就學會相處。萬一緊張的狗狗遇上緊張的貓咪，通常關係會越來越差。這樣的狀況，飼主絕對不可以處罰或責罵任何一方，因為牠們正處於緊張的情緒裡，若再加上飼主的責罰，會使雙方的壓力更大，更會認定對方是不好的同伴，下次見到面就更想努力驅趕或是攻擊，來化解牠們認為可能會發生的不好的事。

飼主應讓彼此保持適當的距離，好讓牠們彼此先做觀察，並且口頭鼓勵狗狗，使狗狗了解到貓咪是好的，會帶來歡樂氣氛的新朋友，同時準備給貓咪高處的躲藏、活動空間，貓咪可以在不被狗狗打擾到的高度，安心觀察狗狗的行為。

而貓咪是不需要訓練的，當貓咪感受到威脅時，牠會自己繞道或是藏匿。我們只需要將環境規畫好，接下來給貓咪適應狗狗的時間就可以了。

　　其中需要注意的是，在調整階段，要將貓咪的生活必須資源都放在能輕易取得的位置，且不用經過狗狗的活動範圍，貓咪吃喝拉撒睡都不會被狗狗打擾。一般來說，狗狗能夠往上活動的能力有限，所以可以將貓咪需要的資源都往有高度的地方擺放。這麼做的目的，是給貓咪安心自在的環境，才有助於牠能好好適應和觀察，否則經常需要冒險犯難才能取得資源，貓咪就像是生活在水深火熱之中，逃命都來不及，沒有機會學習和平共處。

PART 4

貓咪必須要玩high！

　　記得有一次收到一張報名表，飼主勾選了一個困擾是「逗貓逗不起來」，並附上貓咪的生活影片。

　　貓咪像是沒有看到飼主手上的逗貓棒一樣，依然故我地躺在地上放空。我們卻看見貓咪的其他影片是自己踢拖鞋踢得很狂暴，或側躺在地毯上撥弄小垃圾玩得很開心。

　　我當時的解讀是：貓咪自己玩都比飼主逗牠好玩。後來經過一些調整，飼主手中的逗貓棒終於能夠讓貓咪衝刺撲抓。遊戲行為有時候是自發性的，有時候是接收到刺激而被激發，沒有不愛玩的貓，只有不會逗貓的主人。

17
家有閉塞貓該怎麼辦？

你手上的「獵物」活多久了？

你可以說貓咪喜新厭舊，也可以說貓咪很需要新鮮感，很容易對舊的獵物漸漸失去興趣感到膩。確實是如此，貓很需要被新的、不同的獵物刺激，牠們不可能重複獵殺同樣一個獵物。這點和狗狗不一樣，狗狗會因為這個玩具和你有共同互動回憶，有特定互動方式是牠喜歡的，牠就會將這個兒時玩具愛護一輩子。當然，如果有新玩具牠還是會很開心，但不會對舊的玩具從此失去興趣。

貓咪就無法像狗一樣的「珍惜」這些玩具，最好是每隔三天就變出新的花樣。所以當你的貓愛玩不玩時，先換換逗貓棒上的獵物，你會發現貓咪受獵物吸引的專注力在每次換新玩具時都會提升。

貓咪遊戲時會受到干擾嗎？

我們常常遇到多貓家庭中有這樣的狀況：當飼主拿出逗貓棒，永遠都是某一隻貓玩得很開心，其他的貓就坐在旁邊看，不出手玩的貓咪就被誤會成不愛玩或是逗不起來。其實貓咪是需要單獨遊戲的，因為牠們並不會一起圍捕獵物，牠們會知道獵物的數量，只有一隻獵物，但現場有其他貓咪，勢必要競爭才能獲得，所以會避免競爭。試著在一個只有一隻貓的空間單獨和這隻貓玩逗貓棒，不受到別的貓咪干擾，貓咪就會願意遊戲了！

同一個空間同時拿兩支逗貓棒逗兩隻貓是沒有幫助的。雖然貓咪會知道有兩個獵物，但你無法控制哪一隻貓會不會一下把這個獵物當目標，同時轉身又立刻把另外一個獵物當目標。到最後，還是會令其中一隻貓不願意狩獵。所以使用不同空間確保讓每一隻貓都可以好好獨享狩獵時光，是最好的辦法。

遊戲難易度應隨貓調整

貓咪是很容易挫折的小生物。我們操作逗貓棒時，如果令貓咪撲空沒有抓到，挫折感會瞬間湧上，幾次之後貓咪就不和你玩這個逗貓棒。換了一個新的逗貓棒，又會再次引起貓咪的興趣。你可能會誤以為貓咪喜新厭舊，頻繁更換獵物就好，到了最後卻發現什麼新玩意都很難引起貓咪興趣。這時候你該考慮的是操作的技巧是否錯誤，才會讓貓咪太挫折不想出手。

面對一隻玩逗貓棒挫折的貓，你需要將遊戲難易度調整至最簡單。簡單的定義是速度慢，只往一個方向移動，貼在地板或沿著牆角躲藏。因為在

幾種逗貓棒遊戲的技巧

模仿小生物在地面爬行的模樣。

一下出現，一下又隱匿起來。

貼地之後又忽然拉起離地約二十公分。

地面爬行的對貓咪來說比較容易挑戰成功。當貓咪成功撲抓，才會越來越有自信。你會看到貓咪放走獵物準備再挑戰一次，這時候你再拉逗貓棒重新脫逃。當你發現貓咪從瞄準獵物到撲抓的時間越來越短，就代表貓咪越來越熟練，知道怎麼撲抓成功。

接著，可以開始增加一點點難度，將逃跑的速度加快一些，也可以將獵物貼地之後起飛至離地二十公分左右，差不多在貓咪站立時頭部的高度，躲藏至不超過這個高度，讓貓咪開始往地面以上的地方抓取。漸漸地，貓咪可以衝上貓跳台把獵物抓下來，就像在野外爬樹抓小鳥一樣。

18
我家的貓很難取悅！

貓咪為什麼不愛我買的玩具？

經常是這樣的，你訂了一箱貓用品，當你還在清點數量時，回頭一看，貓已經將自己塞進那個紙箱，眼巴巴地看著你，向你表示牠滿意這個紙箱。而你買的玩具，似乎沒有深得貓咪喜愛。

這樣的情況發生在成貓及老貓身上是很正常的，幼貓通常還處於什麼都好奇的狀況，對什麼東西都有興趣。不需要太過挫折，讓我們記取這次的教訓，下次不要再買這一類的商品。

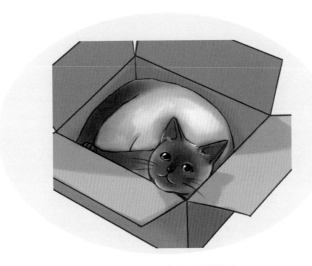

貓總是跳進紙箱中，躺好躺滿。

貓玩具該有的樣子

　　雖然你買的是貓玩具，但在設計上卻不見得考量到貓咪的習性。如果是給貓咪追逐撲殺的逗貓棒，可能是獵物的部分，在尺寸上沒辦法引起貓的興趣。貓咪喜歡的玩具應該是比貓掌還小的，如果你買了一個貓咪手掌兩倍大的玩具，成貓及老貓幾乎不會感興趣。再來考慮材質，能夠引起貓咪興趣的材質是羽毛、塑膠片、毛茸茸的球、有寬度的線、麻繩、皮繩、髮圈束帶……。以上這些材質又可以再細分不同毛質的羽毛、不同硬度的塑膠，貓咪簡直就是材質分析大師，即便我們覺得看起來沒有什麼差別，但牠們絕對分得一清二楚。

貓較偏愛的玩具形態

尺寸	材質
應略小於貓掌	・羽毛 ・塑膠片 ・毛茸茸的球 ・有寬度的線、麻繩、皮繩 ・髮圈束帶

　　目前市面上有一款貓草包是做成沙丁魚、鯛魚燒、秋刀魚的樣子，造型很可愛，創意十足也很有趣。但有些款式實在尺寸太大，長度達五十公分，大部分的貓咪其實不太會使用體型比自己大太多的玩具。

　　貓草包建議可以和貓的身體差不多長度，因為這個玩具的作用是給貓咪發揮兔子踢的。貓咪在攻擊時會使出這個絕招，就是將兩隻前腳環抱獵物，再用兩條後腿快速用力地踢對方。貓草包的材質可以挑選表層材質是牛仔

抱踢枕可讓貓咪練習「兔子踢」的技巧。

布、麻布類的,這兩種材質較容易受到貓咪喜歡。而裡面包的貓草,就看貓的喜好了,有些貓咪只對特定氣味的貓草有反應,所以要試過才知道自己家的貓偏愛哪一種貓草。

這裡呼籲大家,幫貓咪買玩具有幾個階段,當你還無法確認貓咪喜歡哪一類型時應該多多嘗試。發現貓咪喜歡毛類、繩子類之後你就有了方向,往後可以朝這類型的玩具下手。千萬不要因為貓咪不玩就不再購買,這樣貓咪就會沒有可以玩的東西,有可能會動歪腦筋到家裡其他的物品上,包含其他的貓同伴身上。

玩具玩一下就不玩了

貓咪的遊戲行為分為以下幾種:兔子踢、追逐、撲殺、埋伏、叼著走、撥弄。

對貓草包兔子踢這件事,不會是每天都需要,假使一隻成貓大約一週踢一次,或是兩週至三週踢一次都有可能。這代表你的貓有兔子踢的需求頻率大概就是幾週一次,所以看到踢了五分鐘就不使用了是正常的,只是因為頻

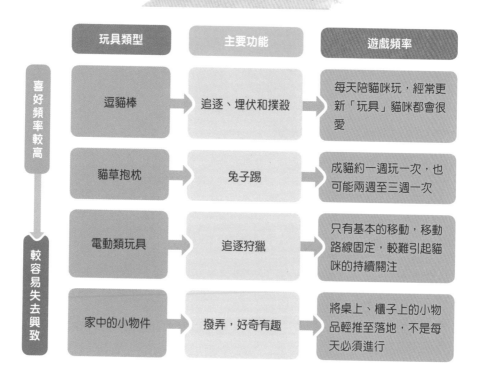

貓咪各種遊戲行為的頻率

玩具類型	主要功能	遊戲頻率
逗貓棒	追逐、埋伏和撲殺	每天陪貓咪玩，經常更新「玩具」貓咪都會很愛
貓草抱枕	兔子踢	成貓約一週玩一次，也可能兩週至三週一次
電動類玩具	追逐狩獵	只有基本的移動，移動路線固定，較難引起貓咪的持續關注
家中的小物件	撥弄，好奇有趣	將桌上、櫃子上的小物品輕推至落地，不是每天必須進行

（左側標示：喜好頻率較高 → 較容易失去興致）

率比你想像中低，你才認為貓咪是不是都不玩了。

電動類型的玩具也很短命，這是玩具設計本身的問題，像是自動雷射逗貓器、自動滾動毛球、電動不規律飛行的蝴蝶。這些自動的逗貓神器對付兩個月大的幼貓是可以的，但也是兩天後就被打入冷宮。因為貓咪的狩獵行為還是需要有互動的，獵物需要躲藏和逃跑，電動的逗貓玩具只能做到移動，且移動的方式沒辦法引起貓咪的興趣，只是不停以設定好的固定路線。

追逐、埋伏和撲殺是出現頻率比較高的遊戲行為，所以每天陪貓咪玩逗貓棒，只要獵物記得更新，貓咪都會很賞臉、很配合。

觀察貓咪的遊戲頻率

　　每隻貓咪執行每一種遊戲行為的頻率都不一樣。飼主可以觀察各種行為通常一週會出現幾次，視情況陪貓咪進行需要的遊戲。與其說貓咪玩一下子就不玩了，不如說貓咪一下子就玩夠了。

　　撥弄的行為可有可無，當貓咪在家裡發現有趣的小東西，會好奇地將它輕推，推著推著這個小東西就會墜落地面，貓咪也不會再繼續做什麼，就這樣完成了一個蠻短暫無聊的儀式。這種遊戲需求就是用益智玩具來滿足，也不見得是每天必須要有的遊戲行為。

∴居家生活筆記 ✌

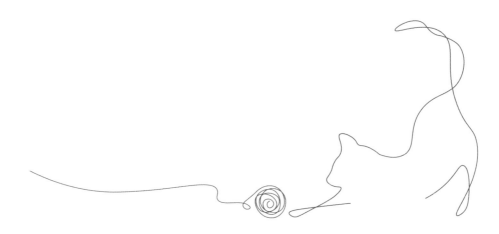

19
貓玩嗨了，人累垮了

遊戲多久時間才足夠？

經常聽到飼主投降地說：「我已經陪牠玩一個多小時了，牠怎麼看起來還不累呀？晚上都不用睡覺，我白天還要上班呢！」自從養了一隻貓，天天掛著黑眼圈到公司打卡，我想應該是不少貓奴沒料想到的事。

究竟貓咪需要的遊戲時間要多少才足夠？又是怎麼安排比較妥當？

雖然每隻貓咪的年紀和需求不同，並沒有一定的答案，但我們仍可以先做一套標準流程，找到貓咪需求的標準。首先，你的貓不需要連續玩一個小時，你可以把六十分鐘拆成三次，每次二十分鐘。一天三次，每次二十分鐘，勝過一天集中一次六十分鐘。因為貓咪遊戲的頻率是需要次數多，但持續時間不長的。即便一次玩了很久，可是對貓咪來說今天就只玩了一次，所以你反而把貓咪放電的時間都集中在一個時段了。並不是所有的貓都需要一天三次的玩耍時間，但如果你有貓咪過嗨的困擾，一天分三次是最低標準，隨著年紀長大，活動力下降或是趨於穩定，可視情況調整成一天一到兩次。

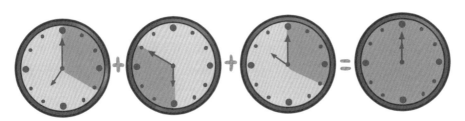

每日一小時的遊戲時間可拆成一天三次，每次二十分鐘。
因為貓咪的遊戲頻率是次數多，但持續時間不長。

貓咪玩耍的時段怎麼制定？

貓咪的特性是此時此刻牠是什麼狀態，我們就做什麼事情。這句話的意思並不是說貓咪半夜想玩，我們就要起床陪牠遊戲，而是你需要先觀察出貓咪比較活躍的時間，且這時間剛好是你可以配合遊戲的時間（假設 A、B、C 三個時段）。

而在不方便的時間像是睡覺中、早上趕著出門前，都不需要配合貓咪遊戲。你只要每天都固定在 A、B、C 三個時段滿足貓咪，貓咪就會習慣在該時段準備遊戲。這裡我們利用了牠們天性裡面的「規律」這件事，而非遊戲時段需要堅持標準。你的睡覺時間就是睡覺，絕不因為貓咪無聊吵你睡覺，就起來陪牠遊戲。這樣會讓貓咪搞不清楚什麼時候可以遊戲，且貓咪也很自然地學習到，只要牠有需求，用一些你會搭理的方式跟你溝通，你就會起來滿足牠。貓完全不覺得有任何不妥，人卻心裡不願意，身體倒是很聽貓咪的話。

偶爾一兩天不方便玩遊戲，貓咪會不會失落？

首先要了解，狩獵是貓咪天性的基本需求。貓養在家中，環境裡沒有了自然獵物，就必須由你手上的逗貓棒來扮演獵物。如果掌握到這樣的生活，偶爾一兩天，甚至兩三天沒有陪貓咪狩獵，並不會有立即性的問題產生。但是突然長達一週、兩週沒有讓貓咪狩獵，接下來可能就會慢慢浮現行為上的問題。

換個角度想，就是貓咪的生活中有一件重要的事消失了。

當然，並不是所有的貓都需要瘋狂狩獵。有些貓喜歡在窗邊吹吹風，撈撈益智遊戲，偶爾追追羽毛，有些貓則是無法一日不出門散步。所以了解貓咪狩獵的需求程度大概有多少，盡可能規律滿足。

20
貓咪也有益智遊戲！

益智玩具的目的和重要性

　　所謂的益智玩具，是設計讓動物手腦並用，透過自己的辦法獲得自己想要的獎勵，藉此從中獲得成就感，並且達到排解無聊的效果。

　　益智玩具對室內貓來說尤其重要，目的是貓咪待在家中能夠靠自己獨立完成事情，而不需要由飼主陪伴或是幫助。這裡指的不需要陪伴是暫時的，而不是指貓咪有了益智完就不需要飼主的陪伴。益智玩具扮演的角色是幫飼主分擔貓咪需要的互動，彌補室內環境單調的不足。

　　讓貓咪獨立完成非常重要，如果凡事都要靠飼主來執行，貓咪就會由原本獨立的特性轉為過度依賴，這樣的環境條件下會使貓咪養成非常需要飼主的關注，學會經常喵喵叫來促使飼主協助牠完成自己無法完成的事情。如此一來，貓咪的生活就會變得只有飼主在家的時候才有遊戲、吃零食、互動等等，飼主一旦成為了貓咪生活大部分的重心，忙碌起來或是晚歸的時候就會讓貓咪沒有其他事情可做，只能默默等待，增加焦慮的可能性。

透過益智玩具，可從中獲得成就感並排解無聊。

益智遊戲的操作方式

益智遊戲提供的獎勵可以是貓喜歡玩弄的小玩具或是零食，貓咪能夠將食物或獵物從裡面撈出來就已獲得獎勵，不需要再另外給予獎勵。

貓咪使用益智遊戲的時間是三分鐘熱度的，牠們並不會執著於這件事情太持久。即便裡面有八個零食，撈了五個還剩下三個就不再繼續也沒有關係，過幾個小時後貓咪還是會把剩下的撈完。如果貓咪總是超過一天都沒有將零食撈完，要思考獎勵本身的吸引力不夠，提供貓咪心目中高等級的獎勵，才會有足夠的動機促使貓咪動動手腦。

又或者這款零食同時有更簡易取得的方式，例如放在手心讓貓咪一口氣直接低頭就能吃五顆。聰明的貓咪絕對不會捨近求遠，牠們會用過去已經學會的更簡單的方式來取得。

我的貓不太會玩益智遊戲

益智玩具的類型雖然大同小異，但難易度對貓來說是有差別的。如果一開始選擇較複雜的，貓咪嘗試兩三次失敗後很容易放棄。幫貓咪選購益智玩具可以從簡單的開始入手，或者自己動手幫貓咪DIY一個也是很好的選擇。

生活中許多物品可搖身一變改造成貓咪玩具。

日常生活中就有很多廢物搖身一變就成了貓咪的玩具，像是買手搖飲料附的底座杯架或是蛋盒。這類物品有很多的高低凹槽且造型簡單，用手將食物撈出是天性，只要將貓咪愛吃的零食投入，遊戲就開始了！不過這類物品通常很輕薄，貓咪在使用時可能會不停位移導致容易失敗，可以用膠帶先把底座貼穩。

如果你的貓咪曾經被益智遊戲挫折過，我們必須找到一款牠最愛的零食，然後用超級簡單的方式一步一步引導，幫助貓咪成功。

先不把零食投入玩具裡面，將零食放在益智玩具和地板的交接處，也就是益智玩具外面，讓貓咪只要接近玩具就能夠獲得，沒有失敗的機會。重複幾次後，觀察貓咪是不是很熟練，如果是，可以嘗試把零食放在最外圈，或最簡單容易撈出的一格。若貓咪動手撈第二下沒有成功將零食撈出，飼主需要立即丟下一顆零食到貓咪面前，讓貓認為牠還是成功的，降低挫折感。漸漸地，貓咪就會明白原來是這麼一回事。

一般來說幼貓幾乎不用引導，因為這是本能，年紀越小的貓咪越容易嘗試。年紀越大的貓咪通常會因為長久以來的進食習慣，而無法一下子恢復本能，並且也較容易放棄，飼主需要多一點耐心。

益智遊戲怎麼安排比較好？

當貓咪在家無所事事走來走去，而你又正好有其他要事在身，不方便奉陪，這就是擺出益智玩具的時刻。不需要固定時間或地點，但需要注意每天使用的次數最好不要超過兩次，這樣才有辦法讓貓咪積極地在意這個難得的時刻。

家中不只一隻貓咪的話，要注意有沒有哪一隻貓咪總是搶不到，這是可以多貓一起玩的遊戲，但需要確保每一隻貓都能中獎，所以獎勵數量也需要隨著貓咪數量增減。

有時候我們也會發現一種情況，那就是一隻貓咪坐著等待另一隻貓咪撈出來的時候，正大光明地坐收漁翁之利，直接把別人的獎勵吃掉，為了減少此狀況發生，可以在最一開始提供玩具的時候兩隻分開使用，當貓咪都個別學會這件事再讓牠們一起掏寶。

∴ 居家生活筆記 ❖

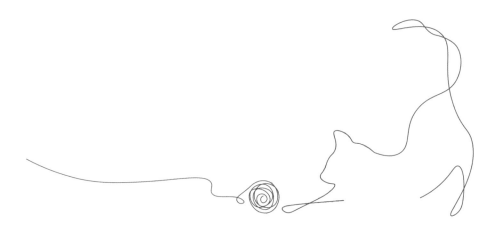

PART 5

貓奴聞之色變的貓咪咬人

　　網路上經常有人分享著自己被家裡貓咪咬的經驗，並
且有許多同病相憐的貓友互相取暖，似乎貓咪咬人這件事
情很正常。請大家不要再誤解貓咪了！事實上，貓咪的天
性裡必須狩獵，但對象只限於比自己體型小的動物，絕對
不會是人類。

　　有些時候，也會發生家中貓咪瞬間猛撲向我們的腳用
力抓咬的場面，或突然啃住我們正撫摸牠們的手，因此在
手腳留下「愛的痕跡」。每當這時，大聲喝斥、拍打阻止
都無效。傷痕累累之餘，心也好累啊！這一章，就讓我們
好好認識貓咪「為什麼咬我」。

21
愛貓的人傷得最深，
為什麼我的貓總是咬我？

「咬」其實是一種溝通和表達

當你發現貓咪不太咬其他家人，總是咬你咬得最嚴重，那麼問題肯定出在你的行為上。

先不要太難過，貓咪咬你，不一定代表喜歡你或是討厭你。「咬」其實是一種溝通和表達，這是日積月累和飼主生活在一起發展出來的學習結果。

舉個實例，曾經有一個飼主非常愛乾淨，他在貓咪上完大號後會將貓咪抱過來擦屁股。擦屁股的過程中，貓咪被翻過來肚子朝上，不斷扭動想掙脫，日復一日，貓咪開始進階成用咬的方式來掙脫。

在貓的邏輯裡，牠發現用咬的可以加快逃脫的速度，可能也發現咬用力一點飼主會鬆手，增加逃脫成功的機會，於是每天就因為擦屁股這件事，不斷地練習咬你。這樣的相處模式也許貓咪就僅止於擦屁股時會咬，平常不會發生其他咬人情況。

但案情往往沒有那麼單純。如果飼主擦屁股的方式讓貓難以接受和操作的時間過長，擦屁股整件事的感受，對貓來說過於厭惡且頻繁發生，而這隻貓生活中又有其他壓力，那麼咬人問題就會慢慢擴大，變成平時撫摸到特定部位時都會過度反應。只要觸碰牠幾根貓毛，就令牠立刻想起不喜歡的壞事，瞬間咬人也是很正常的事情。不過飼主往往沒觀察出整件事的關聯，總是認為貓咪突然咬人、愛咬人、沒來由的看心情咬人。

不勉強做「為你好」的事

貓咪並不知道你勉強牠做的事情是為牠好,牠會以自己的感受好與壞,判斷自己喜歡或不喜歡。所以當飼主做了一堆奴隸事,鏟屎、擦屁股、擦腳、洗澡、抱起來,都是出於對貓咪滿滿的關愛。但操作方法令貓咪不舒服或是害怕,就會吃力不討好。

再舉第二個常見的實例,貓咪不是為了咬你而咬你,而是你給的反應最多,甚至多變。

曾經遇過一位飼主非常怕痛,貓咪一開始咬了他,是因為貓咪小時候玩逗貓棒,飼主手持揮動逗貓棒時,羽毛獵物和手部的距離太近,貓咪不小心抓咬到手,結果意外發現飼主的反應超級大。有時候拍椅子和貓說話,「米米!很痛誒!」有時候說:「哎呦!不要咬了好嗎?」然後起身去拿逗貓棒,有時還會放棄治療,直接任由貓咬。

貓咪壓低身體蓄勢待發。

幾次後,聰明的小貓就發現咬你比較好玩。飼主在課堂上和我們敘述事件時稍微比手畫腳,貓咪在旁邊就開始盯著看,接著壓低身體搖屁股,準備狩獵。這種狀況就是貓咪一看到你就想到咬手遊戲,每一次都精彩好玩。相對的如果你發現其他家人和貓咪的互動是你想要的,不妨觀察一下他們之間的互動和應對與自己有什麼不同。

22
被貓咪咬的當下該怎麼辦？

先釐清貓咪咬人的原因

貓咪咬人有三種情況，以下分別說明。

情況一：狩獵行為

更正確來說是模擬狩獵，也可以說是狩獵遊戲行為。大部分飼主抱怨的咬人問題都是屬於此類。

貓咪真正的目的並不是要咬傷我們，也不是牙齒癢，更不是需要滿足啃咬需求，只是我們的動作回應讓牠誤以為人也喜歡和牠玩狩獵，或者他沒有其他更合適的狩獵對象。貓咪被飼養的環境中若沒有足夠進行狩獵的小活體，就會將狩獵目標轉移到我們（人）這個大活體上。而每一個被咬過的人都會反射性地做出移動、發出聲音、關注貓咪之類的反應，貓咪就會習得用咬的方式來滿足欲望。

既然是太過無聊誤把飼主當作狩獵的好朋友，那我們就先滿足貓咪的狩獵欲望，引導貓咪狩獵你準備的逗貓棒，也把你平時被咬時又跳又叫的反應運用在貓咪抓到逗貓棒上，讓貓咪在狩獵逗貓棒時獲得更多樂趣和成就感。謹記一個準則，就是「在貓咪咬你之前，先陪貓咪玩逗貓棒」。

情況二：貓咪身體被刺激過度所引起的反應

例如吸食貓草後貓咪變得非常亢奮，被飼主拍屁股造成皮膚過度被刺激，或是飼主觸摸的方式貓咪感到不舒服，包含不想被抓住的時候，都會引

貓咪可以 / 不可觸碰的時機

狀態　　　　　　　　　　　　說明

不能觸碰的時候：
貓咪正緊張時

身軀漲得像充飽氣的氣球，你要觸碰的手就像一根針，一碰就爆炸了

不能觸碰的時候：
貓咪在理毛，自己專注做某件事

沒有意願互動，也不主動接近。這時貓咪不喜歡被觸碰，也不想接近你，因此對你的手反感

最佳觸碰時機：
貓咪主動親近時

通常是歡迎你回家，以及主動討飯的時刻。多次在對的狀況下撫摸貓咪，帶給貓咪良好的觸碰感受，會讓觸碰機會大幅增加

來貓咪反咬一口。

遇到這種情況，只要停止動作，貓咪便也不會繼續追究，這一口就只是警告而已。更重要的是，你必須了解你的貓可以接受被觸碰的部位，還有被觸碰的方式，避免重蹈覆轍。一次又一次的刺激，會讓貓咪對此狀況的耐受度降低，每一次咬人的反應也會越來越大，所以必須看懂貓咪當下是否可以被觸碰，或者不願意被觸碰。

🐾 情況三：出於防衛的攻擊 🐾

對人極度不信任。曾經被體罰過的貓咪，或是被捕捉過、認為人類要傷害牠的貓咪，就會出現這樣的行為。

這種攻擊情況留下的傷口，絕對不僅僅是幾條小血痕，還會有一些打洞般的齒痕。並且在攻擊前會有長聲尖叫（yelling），或是放慢速度、耳朵壓平、瞳孔放大、吞嚥口水等等的肢體語言。遇到這類問題，應該避免和貓咪近距離接觸，也要避免做出會刺激到貓咪的行為。如果是特定的某位家人會與貓咪衝突，應完全隔離，確保雙方安全，並盡快尋求專業協助，千萬不要和貓咪硬碰硬，這樣會使情況越來越糟。

已經玩過逗貓棒了，貓還是咬我

不少乖乖陪貓咪玩逗貓棒的飼主，在遊戲之後還是有被咬的問題，或是遊戲當中一邊被貓咬一邊甩著逗貓棒，懷疑貓咪是不是精力旺盛還想繼續玩。

其實貓咪無論精力多麼充沛，也不會在你和牠折騰了一個小時後還是玩不夠，尤其是超過一歲的成貓。持續打獵的行為不會有這麼長時間的需求，這樣的狀況就要考慮到咬你的其他可能性，是有其他需求在溝通表達，或是逗貓棒操作上的問題。

　　玩逗貓棒的過程中如果時常有被咬到手或腳的問題，是因為貓咪正在執行狩獵，進入完全狩獵的狀態。飼主的手腳距離貓咪太近，貓咪就會反射性地抓咬到你的手腳，也代表你的貓還沒有學會分辨手腳不是獵物。否則一隻已經完全認定手腳不是獵物的貓咪，即便在狩獵狀態，也不會目標錯誤。

　　假設逗貓遊戲整個過程十分鐘，而這十分鐘內，貓咪咬咬手又抓抓逗貓棒，再抓抓腳咬咬逗貓棒。這對貓咪來說是一場抓抓手抓抓逗貓棒的遊戲，同時也是在強化貓咪咬手腳的行為。所以逗貓遊戲記得保持距離，以策手腳安全。

　　另一種狀況是遊戲當中控制得很好，但遊戲剛結束沒幾分鐘貓咪過來咬，感覺上還想繼續遊戲。原因是貓咪在被開啟狩獵模式後，你突然將遊戲結束。

　　逗貓棒消失了，但是貓咪還在狩獵狀態，所以會將目標轉移到你身上，或是同伴身上。就近挑一個牠習慣狩獵的對象繼續狩獵。建議每次遊戲結束給貓咪抓到最後一次逗貓棒時，將逗貓棒放下，讓貓咪有個目標在。貓咪會守在靜止的逗貓棒旁邊，大概五分到十分鐘後慢慢結束狩獵模式，這時再將逗貓棒收起來。

23
聽說小貓天生愛咬人，
長大就會好了？

貓咪愛咬人是天性嗎？

天性的意思是，這個物品本身就會引起貓咪極大的反應。像是貓咪看到小鳥振翅高飛就會飛撲，或是看見草地裡的小蟲會用手撥弄。而天性無法靠訓練來改變，例如養一隻會飛的鳥在家裡，訓練豹貓不去狩獵。

如果貓咪能夠與小鳥共存而不狩獵也不是違反天性，可能牠們從小就在一起長大形成一個特例。但是貓咪和人之間，咬人是後天學習而來的，並且也能靠訓練和互相理解來改變，所以絕對不存在「貓咪愛咬人是天性」這回事。

幼貓咬人手腳不會控制力道，能讓牠給其他貓教嗎？

承上所說，如果貓咪咬你是為一種需求溝通，那麼長大之後並不會無故變好。

那為什麼大家會有這樣的錯覺？

原因是幼貓的狩獵時間長，睡眠時間短，活動力充沛，所以每天咬飼主的頻率也高。隨著年紀增長，最起碼要超過一歲，狩獵時間才會比較明顯減少。因而飼主「被狩獵」的頻率降低了許多，跟小時候比較起來，的確是好多了！但其實如果沒有釐清貓咪咬你的原因，即便長大了，咬人的行為依然存在，只是比較少發生。

幼貓這個年紀有大量的狩獵需求，當他們和年紀相仿的同伴互相練習狩獵時，就是在學習技巧還有控制力道，正常的狀況下，沒有一隻貓咪會因為遊戲把另外一隻貓咪弄受傷。也就是說貓咪本來就會控制狩獵遊戲的力道，如果有遊戲造成受傷，要思考可能不是遊戲打鬥或單純偶發意外。

錯誤回應，讓貓咪越咬越上癮！

為了避免貓咪咬人，我們得避免不經意的錯誤回應。

對貓咪大聲斥責

聲音與動作變得和平常反差很大，大部分的貓咪會以此為樂。

拿玩具塞給牠

塞玩具的動作會讓貓咪獲得一種半推半就，你來我往的「互動」印象。

裝死不動，但是最後動了

如果貓咪從第一次咬你，你就不曾動過，那麼幾次之後，貓咪就會失去興趣。但大部分飼主會抽動或是忍不住，所以最後的結果是有反應的。貓咪會因此嘗試咬久一點或是用力一點，最終會獲得成就感。

把貓咪抓走或推開

貓咪正在咬你的時候將貓咪抱起、抓走、推走的動作都需要觸碰到大面積的身體，抓的動作又像是貓咪之間互相纏鬥壓制，貓咪就誤以為你也要和牠玩狩獵行動。

和貓咪對話，好好勸說

貓咪聽不懂你說話的內容，對牠來說就是一種關注和反應。

關籠或關房

將貓咪關在一個空間限制行動，牠無法關聯是被「處罰」。貓不能理解自己「做錯事」被關起來，當你將貓咪抓去關起來，這個過程貓咪已經獲得反應了。

表演哀號崩潰給貓看

貓咪無法辨別出你疼痛與哀號的情緒是什麼，只會覺得你好像和平常不太一樣。牠們不像狗可以分辨出人臉上的喜怒哀樂，所以貓咪並不會因為發現你難過而停止咬你。

🐾 左閃右閃 🐾

會動的東西最能引起貓咪興趣，所以你閃躲的動作正好大大誘惑貓咪，越咬越有趣！

🐾🐾 為什麼幼貓咬我們的手腳，
就會破皮流血呢？🐾🐾

這和我們缺少毛髮覆蓋的皮膚無關，你會發現即使穿了長褲長襪，貓咪還是有機會弄傷你。仔細回想一下，貓咪小的時候剛開始嘗試咬你是否力道比現在小，後來力道越來越大？這個問題其實是漸漸變嚴重的，這代表每一次貓咪咬的事件中，你回應的動作和方式恰巧讓貓咪越咬越帶勁。

總結說來，即便一隻貓咪和貓同伴互相狩獵不會咬傷對方，但飼主若沒有以正確方式應對，仍然會有破皮流血的手腳。

∵ 居家生活筆記 ∵

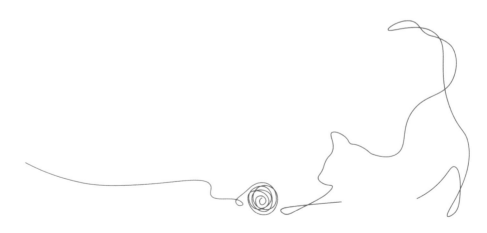

24
暴力處罰不可行！

能不能噴水、喝斥或關籠，來處理咬人問題？

有人說：「貓咬我，我就製造大聲音、噴水把牠嚇跑，牠就停止了！」也有人說：「貓咬我，你那些方法我都試過了，沒用！還打牠屁股、大聲怒吼、咬就抓去關，還是一直咬。」

這些看似有效的方法，其實潛藏了更多可怕的危機。

無論是限制自由的關籠、給予身體上疼痛處罰、精神上的威嚇，都稱之為處罰。有的人認為處罰奏效，於是鼓勵其他人也嘗試看看。而每一隻貓狀況不同，每一位主人操作的方式也有差異，所以每個人都得到不同的結果。

有一種狀況是貓咪當下會放棄咬人。表面上阻止成功了，但日復一日，這個咬人的問題依然存在，需要每次不停地阻止。也許真的不太咬你了，卻改咬其他同住的家人。我們的目標應該設定在讓貓咪完全不想咬人，你不需要想盡辦法來處罰貓咪，也不需要糾結被咬的當下該嘗試哪一種方法。

「處罰」的確是一種方式。你可以解決當下的困擾，但處罰同樣也會帶給貓咪恐懼、挫折、焦慮等等的情緒問題。

而攻擊行為背後真正的原因，來自沒有安全感的防衛機制被啟動。當貓咪搞不清楚你為什麼變得這麼可怕，變得似乎會威脅到牠生命一樣，瞬間對你所有的信任度都將化為烏有。這就像是曾經和你很親近友好的朋友或家人騙了你一樣，如果是毫不相干的人騙了你，可能一天之後就完全消氣，不至於有長時間傷心或擔憂的負面情緒。

　　但如果是曾經相信並且生活在一起的人，那就會埋下一個不定時炸彈。這樣的邏輯套用到貓咪身上也是一樣的。即便後來努力釋出善意，也很難讓貓咪回到當初對你的信任。因為牠無法確認未來會不會再度發生恐怖攻擊事件，生活得戰戰兢兢，成為一隻有壓力而不快樂的貓咪，間接影響到同住一個屋簷下的所有同伴和互動。

　　以暴制暴的處理方式，讓有些貓咪因此而變得攻擊性強。有些則是日常生活中沒有什麼異狀，但因為長期的精神壓力，面對突如其來的聲響或是影像讓貓咪過度反應，瞬間就出現了令飼主不解的攻擊行為。

　　處罰的副作用還有一點，就是貓咪會取消和你溝通的訊號。

　　貓咪面對害怕的事情第一反應是立即撤退，不過室內貓通常因為無路可退而會選擇面對。牠們會直接對著產生威脅的目標哈氣，或是揮兩三下貓拳試圖打退敵人。每一個哈氣和動作，都是嘗試溝通的舉動。如果貓咪發現還是沒有嚇退敵人，甚至敵人還做出更激進的攻擊，貓咪就會認為肢體溝通是無效的。下次再度發生類似事件時，就會省略哈氣或低鳴警告，或者揮兩拳後縮成一團的溝通，採取直接火力全開飛撲而上的行動。

當貓咪負面情緒上升，用行為提出警告時，若我們適時停止，接下來大家就會相安無事。一旦貓咪不再提供訊號，我們往往來不及反應，於是瞬間兩敗俱傷。如果你認為貓咪已經不帶任何訊號就猛烈攻擊，並且曾經有對貓咪體罰造成貓咪的陰影，多半是給貓咪長期服用精神藥物再搭配行為調整，才能夠改善你們的生活。

家貓會直接對著產生
威脅的目標哈氣。

關籠會不會造成貓咪恐懼？

無論什麼原因將貓咪關在籠子裡或是房間，超過貓咪可以忍受的時間就會產生問題。貓咪的探索欲望是最基本的生存需求，如果無法滿足，也會產生其他行為問題。

假使我們因為貓咪亂尿尿而將貓咪關在籠子裡，我們只獲得可以暫時不用清理可怕的貓尿這點煩事，但很可能因為關籠而產生一個新的問題行為，例如過度喵叫、焦慮。這些問題直搗貓咪心理層面，比一般不喜歡貓砂盆而亂尿尿的問題要嚴重得多了！畢竟貓咪不可能關上一輩子，還是要調整籠子以外的環境，才能夠讓亂尿尿的貓咪恢復正常。

不處罰又可以處理的方法

關於貓咪給你帶來的種種困擾問題，抽絲剝繭來探討問題的根源，不外乎是天性不滿足，或飼主看不懂貓咪狀態，用了錯誤的方式回應貓咪，才導致問題變嚴重。所以，抓出問題根源是第一步！

我們來假設兩種不同處理方式，看看兩種不同選擇的命運發展。

主訴

貓咪每天迎接飼主回家，接下來不定時地啃咬飼主，尤其是飼主在沙發上看電視時，直到隔天早上飼主再度離家上班才中止。

問題頻率與程度

破皮，可以看到傷口癒合後一條條的結痂，每日被咬八到十次。

訓練師判斷根本原因

貓咪室內生活太過單調，平時門窗緊閉，飼主不在家的時間貓咪只能睡覺，直到飼主回家貓咪終於可以和飼主有互動。而這個互動，是每天貓咪最期待的咬飼主遊戲。

處理方式一

被咬的當下不給予貓咪反應，並且準備更好玩的遊戲、替換不同的貓玩具，讓貓咪嘗試不同的零食，讓貓咪去期待今日的驚喜，並且先滿足貓咪的遊戲欲望後再開始追劇。

設置貓跳台，架好防護網，讓貓咪可以看看窗外風景，不再做一隻與世隔絕的無聊貓。

結果，貓咪因為發覺更多好玩的事，不再把咬飼主當作唯一樂趣，且白

天有太陽和風景消磨時光，晚上也不再集中火力猛咬飼主，飼主和貓咪的互動建立在一起遊戲、睡覺、趴在飼主身上陪看電視。

🐾 處理方式二 🐾

被咬的當下抓起貓咪後頸大罵。貓咪再咬第二回時飼主決定拿拖鞋丟過去，貓咪嚇到毛髮豎直，弓起身體頻頻哈氣，最後猛烈攻擊飼主的手腳，留下許多滲血齒痕和抓痕。

結果，人貓關係緊張，貓咪時時刻刻都緊盯飼主的動作，飼主彎下腰拿貓咪附近的物品就被揮拳攻擊，也對穿拖鞋的腳做出攻擊，已經沒有辦法一起在床上睡覺。

PART 6

貓奴頭痛萬分的
亂大小便問題

　　貓咪尿在砂盆以外的地方，有可能是出於生理因素，也有可能是心理因素，當然也有可能兩者並存。飼主第一件事情是要先確認貓咪的生理狀況，請醫生檢查有沒有泌尿道的問題，或者腳掌、關節有沒有不舒服。任何讓貓咪認為上廁所不舒服的疼痛感，都會改變貓咪的行為。

　　有時候我們會遇到一種狀況，就是將貓咪尿尿不舒服或者大便不舒服的狀況治療好之後，貓咪沒有恢復在便盆上廁所的習慣，還是會在床上尿尿或是其他地方大便。這是因為之前上廁所不舒服的經驗已經讓貓咪排斥原本的砂盆，並且學會在其他牠認為舒適的地方上廁所。這是貓咪不會忘記的，所以即便身體恢復健康了，還是會留下先前事件培養到的習慣。

25
貓總是尿在我的被子上，
該怎麼辦？

砂盆本身的條件是很嚴格的

無論是身體不舒服或是砂盆不清潔引發的「亂尿尿」技能，處理方式都是一樣的。我們必須讓貓咪重新愛上自己的砂盆勝過其他家俱，讓貓每一次上廁所時選擇貓砂盆。

最常引起貓咪亂尿尿在被子上的原因，不外乎是貓咪覺得「砂盆髒了」。我特別使用引號，是由於很多飼主一直強調：砂盆是乾淨的，貓咪還是亂尿尿。飼主認為的乾淨是用眼睛看的，貓咪認為的乾淨是靠鼻子聞的，於是誤解就在這邊產生了。如果使用有蓋的砂盆，會因為不通風，排泄物的味道就累積在裡面，可以考慮半開放式的，或是完全開放的砂盆。

貓咪身長：貓砂盆長度 = 1:1.5

再來是砂盆尺寸大小的問題。方形的、長方形的、圓形的都沒有關係，粉紅色或是米白色也不影響貓咪的喜好，唯獨尺寸大小是你需要替貓咪準備的重點。一般建議是貓咪身長不含尾巴的一點五倍長，讓貓咪可以方便轉身撥砂。

砂子的清潔度太重要了

砂子應該要時時保持乾淨。如果每一次你鏟屎時，便盆裡已經有三份屎或尿，那相當於貓咪已經去了兩次沒有沖洗的馬桶上廁所。天性愛乾淨的貓咪肯定知道你的被子永遠比牠的砂盆乾淨，於是牠會選擇較乾淨的場所。

最好的習慣是你聽到貓咪走出砂盆或蓋砂的聲音，就可以順手將屎屎剷除。這樣可以確保下次貓咪進入砂盆時，對於砂盆的印象肯定是乾淨的。如果貓咪進入的時候經常都是不乾淨的，久而久之，貓咪上廁所前就不會走去砂盆看看，會直接前往牠習慣亂尿尿的沙發或床。

如果你不在家的時間較長，那麼可以多增加砂盆數量。目的是當貓咪的廁所不乾淨時，牠還有第二個廁所或是第三個廁所可以使用。如果沒有準備備案給牠，牠的第二個廁所可能就會是你的床。

擺放的位置也要注意

「聽說貓咪需要隱密的如廁地點。使用無蓋的砂盆真的適合嗎？」

是的，我看到不少養貓人家將砂盆放在隱密的廁所、隱密的角落、並且用隱密的砂盆，但是貓咪竟在地毯上、床上這些開放的地方尿尿。究竟是為什麼呢？

原因很簡單，你的貓認為這些地方很適合上廁所。整個家都很隱密，因為牠已經是被你飼養的室內貓，不是外面討生活的小野貓。在野外當然需要

隱密，「隱密」相當於「安全」，而因為室內貓認為整個家是安全的，所以上廁所時，考量的是環境中有哪些地方是他們舒適的馬桶。因此，砂盆放在貓咪願意使用的地方就可以，需要遠離水碗和食盆。

如果住家不只一個平面，會建議貓咪活動的每一層樓都放置一個，假設家裡有四層樓，但是貓咪幾乎不太會去四樓，那麼一、二、三樓各放置一個即可。

不適合放置貓砂盆的地點

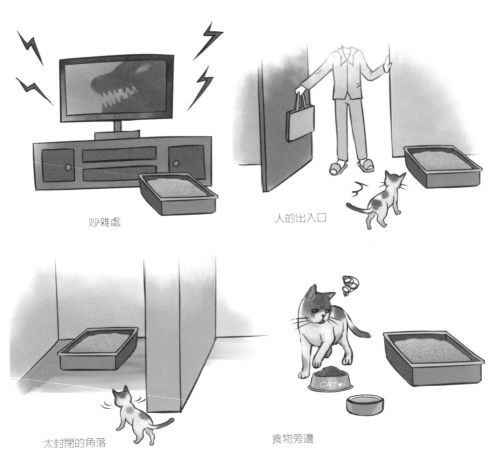

吵雜處

人的出入口

太封閉的角落

食物旁邊

貓咪亂尿尿時，絕不可以這樣做

　　飼主經常和我分享他們使用過無效的做法。讓我們來理解一下為什麼會無效。

🐾 抓貓咪到案發現場，讓牠看著自己的尿尿或大便，用口語教育牠 🐾

　　無效的原因是由於貓咪在不對的地方大小便絕對不是缺乏訓練，也不是不懂使用貓砂，更不是故意氣你，而是在向你反應砂盆有問題。所以牠不願意使用，用言語和貓溝通請牠乖乖大小便在砂盆裡貓咪是聽不懂的，必須做出實際行動讓牠有一個滿意的貓砂盆。

　　再者，問題發生後將貓咪抓至現場，貓的邏輯是無法關聯大小便在這裡是不對的、犯錯的，牠會關聯到的僅有：你突然變得好奇怪，被抓的感覺是不舒服的。

把砂盆外的大便或尿尿放回砂盆裡

貓咪決定在哪裡尿尿或大便，不需要自己的尿味或是大便來刺激。我們在訓練狗狗大小便時，的確會用到尿液來引導，不過在貓咪的世界裡是行不通的，不然貓咪也不會到沒有沾染尿味的物品上尿尿或大便。

把貓咪的大便或是尿尿留一些在砂盆裡，貓咪反而會覺得這個砂盆一直是處於不乾淨的狀態。

把貓咪抓進貓砂盆，等待牠尿尿後給零食獎勵

貓咪絕對知道砂盆在哪裡，只要你的貓這輩子曾正常使用過貓砂盆一次，那就代表牠會使用，是後來發生了一些事情讓牠不使用。所以任何的獎勵，無論是口頭或是零食，都無法讓貓認為在這裡上廁所會獲得好處，而勉強自己在此上廁所。

把貓咪抓進貓砂盆裡反而還可能造成一個變數，如果貓對你抱牠這件事是不喜歡的，牠的厭惡感還會關聯到砂盆和你。

貓咪尿尿的當下，用各種方式阻止

貓咪正在尿沙發時被你逮個正著，你想嚇嚇牠，能讓牠以後不敢在這裡尿尿。如果你真的把牠嚇破膽了，就會成功讓貓不在這裡尿尿，但也順便讓牠轉移陣地變成「到處亂尿尿」。這樣在往後做行為矯正會更困難，也會讓貓咪和你的關係決裂。

所以最根本的做法還是調整好砂盆，發生亂尿尿的情況當下不需要有任何作為，在貓咪離開現場後默默擦拭乾淨，起碼這個做法不會讓問題便嚴重。

🐾 為什麼總是尿在砂盆旁邊？ 🐾

　　有一種狀況是貓咪的身體是在貓砂盆裡，但是大便或尿尿總會噴到砂盆外，讓飼主很懷疑這算不算是亂尿尿大便。如果貓咪有踏進砂盆裡，就代表貓咪是想在砂盆裡上廁所的，只是砂盆大小或形狀不太合適，所以造成排泄在砂盆外。可以幫貓咪換一個符合體型的大砂盆再觀察看看。

　　也有一種狀況是貓咪尿尿時屁股抬得比較高，造成尿尿很容易一半在裡面、一半都噴到外面。通常在多貓家庭中比較容易發生這種情況，確切的原因目前尚無研究報告，可能與貓咪之間相處的壓力有關，這是需要調整貓咪之間的和諧才能解決。有些則是服用精神方面的藥物之後，恢復蹲姿尿尿。

∴ 居家生活筆記 ❞

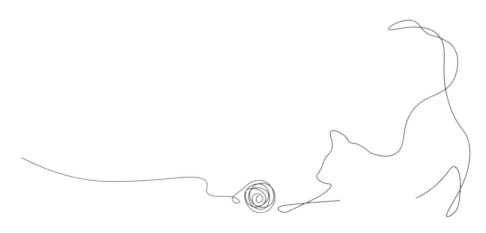

26
為什麼貓上完廁所後不蓋砂？

了解貓咪蓋砂的本能

貓咪上廁所的標準流程是這樣的：漫步走向砂盆位置，先聞一聞然後輕踩進砂盆，四肢都進入砂盆後，會一邊轉圈一邊低頭聞砂子，接下來採蹲姿尿尿。如果是大便，會先左右開挖貓砂後才開始蹲姿大便。

大便或尿尿結束後，有三分之一的機會直接離開。不蓋砂是屬於正常行動，我們很難訓練貓咪上完廁所每次都蓋砂。不過，貓咪採取蓋砂的動作，有可能藉由調整砂子的狀態而提高。

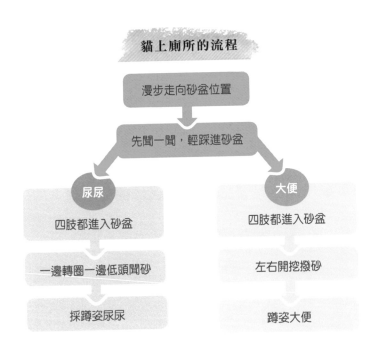

貓上廁所的流程

漫步走向砂盆位置

↓

先聞一聞，輕踩進砂盆

尿尿	大便
四肢都進入砂盆	四肢都進入砂盆
一邊轉圈一邊低頭聞砂	左右開挖撥砂
採蹲姿尿尿	蹲姿大便

貓咪蓋砂原本的用意，是保持衛生避免疾病傳染。另一個用意，是掩蓋自身留下的訊號，以免行蹤曝光。

而不蓋砂時，也有將訊號曝光之意，以及不滿意貓砂這兩種可能。我們無法確定貓咪這次不蓋砂的用意為何，但我們可以經由改變貓砂的狀態，讓貓咪更願意蓋砂。

一般來說，大部分的貓偏好顆粒細小的砂子，因為踩起來柔軟舒適。很多貓咪在小的時候長期使用顆粒偏粗的貓砂，像是崩解式松木砂，因此比較少有蓋砂的意願。經年累月，就會養成上廁所後直接離開不太蓋砂的習慣。若有一天幫這隻貓將砂子換成細細的礦砂，貓咪就會開始願意蓋砂。不過每一隻貓咪狀況不同，年紀越大的貓咪越不容易改變原本的習慣，要提升蓋砂習慣的機率可能不會很明顯。

貓咪幫另外一隻貓咪蓋砂，是什麼意思？

當你看到貓咪動手蓋的不是自己的大便或尿尿，請不要多想。牠不是「幫忙」蓋砂，也不是怕同伴被敵人發現，而是糞便中某一種物質的氣味刺激貓咪大腦，促使貓咪做掩蓋的行為。類似的狀況也發生在某些類型的食物，像是主食罐還有人吃的臭豆腐，就很容易讓貓咪做出掩蓋的動作。或者有時候我們看見貓咪在空無一物的地板做掩蓋動作，代表貓咪聞到了某種氣味，別誤會貓咪把那樣東西當作尿尿了。

為什麼蓋砂蓋不準，總是扒到牆壁或是便盆邊緣？

飼主看到不解的行為經常會幫貓咪加一些可愛的對白。

我被問過這樣的問題：「我的貓每次上完廁所都會擦手擦腳，是愛乾淨的表現嗎？」

我接著問：「牠怎麼擦手和擦腳呢？」

飼主說：「用手摩擦牆壁，把砂子抹乾淨。」

我一聽，就能夠想像那個用手摩擦牆壁的畫面。那就是平面蓋砂的動作變成以垂直方向撥牆壁像在蓋砂。

貓咪上廁所正常的姿勢是兩條後腿彎曲，兩隻前腳伸直呈現蹲姿。蓋砂的動作會輪流用兩隻前腳將砂子由遠處往自己身體的方向撥，重複好幾次，直到排泄物幾乎完整被掩蓋。

那又是為什麼我們會看到各種奇奇怪怪的上廁所姿勢和蓋砂姿勢呢？大部分和砂盆的平面大小有最直接關係。市面上的貓砂盆普遍來看是剛好能夠容納一隻貓咪蹲著上廁所需要的範圍。但貓咪要轉身撥砂時，需要符合貓咪身長作為半徑迴轉的寬度幾乎都是不合格的。

因此我們很常看到貓咪在砂盆裡上廁所。但是準備蓋砂時半身是在砂盆外面的，兩隻前腳就不斷地挖砂盆外面的地板往砂盆裡面蓋。同樣道理也是飼主看到前腳擦牆壁的現象，只不過有的貓咪抓到便盆邊緣，有的抓到全罩式砂盆的蓋子，有的抓到附近物品。

砂盆太小，不適合貓咪使用。

甚至我也遇過飼主投訴貓咪總是亂大便在便盆旁邊的地上。我們看了監視器後，發現貓咪並沒有意圖亂大便，而是他正在便盆裡大便時，空間就是那麼擁擠，導致大便全都滾到外面。貓咪大完便，回頭一看，也是千百個無奈，怎麼蓋都蓋不起來。

　　∴居家生活筆記 ❖

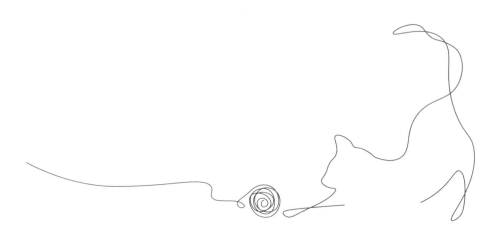

27

噴尿和正常排尿該怎麼區分？

先觀察尿量和姿勢

先說說為什麼要區分噴尿和正常排尿的重要性。這兩種的目的性是不同的，也就是說同樣是尿尿在砂盆外，卻有不同的意思，表達不同的事情。

噴尿是為了做記號，刻意留下記號給同伴知道。而正常排尿在貓砂盆內是完全沒有問題的，但排尿在貓砂盆外，就是身體上有不舒服，或是對貓砂盆不滿意了。

尿量和姿勢是一個評斷的大方向。但不能單看姿勢就認定貓咪是噴尿，或者單看尿量很少，就斷定貓咪是噴尿。

曾經我就遇過一隻十多歲的絕育老公貓，醫生檢查過沒有身體上的不舒服，一天尿尿次數大約十次上下。砂盆裡有，家裡地板上也有、桌上也有、椅子下也有、門框也有。每次尿尿都是蹲姿，每次的尿量在地上是一灘大約直徑十到十五公分的圓。

我當時做了一些環境調整，並且觀察了兩週，最後請飼主再去檢查生殖系統，這才發現原來絕育手術沒有做完整，貓咪的陰囊還在呢！最後再安排一次絕育手術，才終於結束這十年來的誤會。至於牠為什麼蹲著尿尿，我想是因為體重過重的關係，可能半蹲，可能沒站直，也可能胖胖的貓從視覺上來看並不像教學圖片上那樣的站姿。

噴尿狀況分析

🐾 狀況一：廣告招親 🐾

　　若是貓咪沒有結紮，噴尿做記號的目的就很單純。發情期的貓咪會頻繁地發出叫聲，也會噴尿。牠們用尿液來留下訊號，吸引公貓母貓互相接近。這就像是廣告的效果，告訴附近的同伴：我發情了！快點來找我。

　　如果你的貓咪還沒有進行絕育手術，那麼六七個月大之後，你看見家裡牆角、地板、門窗框邊有少量的尿液痕跡，或是親眼瞧見貓咪抖動尾巴對著牆壁噴尿，八成就是發情期噴尿的自然現象了。發情期的貓咪還是會使用貓砂盆正常的排尿，假使你的貓咪以往一天大約排尿三至四次，你還是可以看到砂盆維持三次的尿尿次數。而砂盆以外的地方就是用來做記號的尿尿了。

貓咪抖動尾巴對著牆壁噴尿。

🐾 狀況二：畫出領土疆界 🐾

另一種做記號的心理狀態是焦慮不安的。你會看見貓咪每天幾乎固定在幾個地點重複噴尿。如果把點跟點之間連起來，就像是畫勢力範圍的地圖一樣。貓咪每天去補充尿液，是為了用強烈的味道向同伴說明自己的領土範圍，試圖溝通別再侵犯，也可以說是一種避免衝突的溝通方式。

噴尿的姿勢幾乎是站姿，尿液會比正常排尿還要再少一些。如果貓咪固定噴尿的地方僅限於門窗框附近，有很高的機率是因為這個門窗框的方向有了入侵者。並不一定真的是有貓入侵，有時候只前晃過去的身影都可能讓家裡的貓感到不安。

通常是一樓的住家或是透天住宅比較容易有此狀況。 對於這種情況，飼主可以有兩個簡單的做法：

第一，先觀察野貓出現的時段。

通常時間會滿固定的，例如晚上十點到十一點。在這段時間帶貓咪遠離現場，拉上窗簾並且和貓咪在其他房間玩遊戲，或是進行任何貓咪喜歡且能夠分散貓咪注意力的事情都可以。總之就是避開看到其他貓咪的這種刺激所帶來的不安。

第二，確認家門外附近起碼三百公尺沒有餵食地點。

這點執行起來可能會有點困難，不過食物是最直接影響貓咪聚集的原因，如果不斷有貓在家門附近晃來晃去，自己家裡的貓就會倍感不安。

多貓的環境有較高的機率發生此類型噴尿問題，貓咪僅會對貓同伴做出噴尿行為來溝通協調，並不會對人或狗等等的其他動物噴尿。如果貓咪是對自己家裡的貓有到處噴尿的行為，多半是貓咪認為沒有屬於自己的領土，或者資源的安排讓貓咪感受到被侵略，只好用尿液的味道讓自己可以保有這些資源。

正常排尿在錯的位置

當你發現貓咪總是在沙發某處、床墊上、棉被上、包包上、洗衣籃、地墊上等物品，並且滿固定是這一類特定物品時，就是單純尋找喜歡的地方尿尿啦！這些物品對貓咪的吸引力是材質柔軟又乾淨，且位置方便。

我常聽見飼主這樣說：「只有一隻貓會亂尿尿，另外一隻很乖，牠就不會亂尿尿。」

貓咪亂尿的常見原因

	情況	常見原因
噴尿	- 經常尿在牆壁壁面 - 尿量少，用噴的 - 會在貓砂盆內正常排尿	- 發情期間 - 畫出領土疆界 - 情緒緊張
在貓砂盆以外的地方排尿	- 沙發某處、床墊、棉被、包包、洗衣籃、地墊等物品上 - 尿量多，以蹲坐姿勢排尿 - 較少或不尿在貓砂盆中	- 貓砂盆不夠清潔或數量不足 - 不滿意貓砂和砂盆 - 壓力或情緒緊繃 - 泌尿疾病影響

相信各位剛開始養貓時，都知道貓咪是會使用貓砂盆上廁所的。後天的砂盆環境改變，是造成貓咪養成亂尿尿行為的一大主因。也就是說，如果你有兩隻貓咪，只有其中一隻總是尿在沙發上，表示這隻貓已經對砂盆忍無可忍，才養成到尿在沙發的技能。而另外一隻貓不是不會亂尿尿，只是還沒開始出現這個行為。

所以像是尿在床上、浴缸等等這種有範圍、有舒適材質的物品上，其實滿單純的，將便盆調整成又大又舒適後，幾乎就可以解決。但若是貓咪尿尿在地板上，沒有固定地點或是固定材質，通常情況會比較複雜，多半有生理上的不舒服和心理上的鬱悶。

貓咪發情的噴尿行為有方法緩解嗎？

答案是沒有辦法的，無論是叫了一個晚上，或是到處尿尿做記號，都是因為性賀爾蒙在作祟。除了讓貓咪做絕育手術，沒有任何方法可以緩解。貓咪在發情的狀況下，食慾會明顯減少。平常愛吃的食物都有可能不願意吃。

你會發現貓咪一副很焦躁的樣子，無法靜下來。大部分的貓咪在半夜會無法休息睡覺，持續嚎叫一整晚，有的貓咪發情不一定會噴尿，有的貓咪則是噴尿但不一定會持續嚎叫，無論是美食、貓草、玩具幾乎都無法使貓咪分散注意力。母貓發情時會變得非常喜歡接觸，你會覺得貓咪變得好像很撒嬌、很粘人，其實是因為發情了，喜歡的你撫摸，也喜歡在地上打滾。

∴ 居家生活筆記 ❖

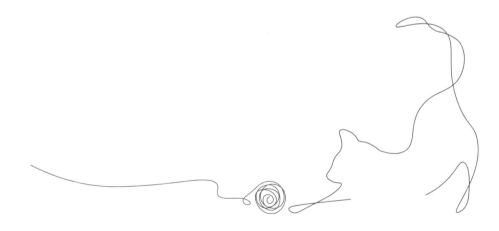

PART 7

關於家中貓室友的
其他難解行為

　　喵星人的語言真是不好翻譯，許多被喵喵叫困擾的飼主拿著他們錄到的喵叫聲請我聽聽看，希望能夠知道他們的貓咪究竟在說些什麼。

　　可惜的是，訓練師也很難光憑聲音就判斷貓咪想表達的意思。但是貓在表達的這件事，絕對和被喵叫的人類有直接關係。因為貓咪對人類發出的喵叫聲，是跟著特定人生活才演化出來的。如果貓咪會對著你叫，卻不會對家裡其他人這樣叫，那這肯定是你和貓咪之間才有的，並且在貓咪生活中是不可或缺，必須由你幫忙執行才能完成的事情。

　　而翻垃圾桶應該是流浪貓的本領，大家都知道是為了謀生尋找食物的一個正常行為。那麼自己家的貓呢？當家貓一再把垃圾桶翻倒，把裡面的垃圾拖行滿地，但也不見牠獲得食物，那麼牠要的到底是什麼？

　　以下就用兩個單元解析「不明所以的喵叫」，和「翻垃圾桶」所要表達的需求。

28

貓咪愛咬電線、耳機線怎麼辦？

了解貓咪玩樂的快感

愛線是一隻貓的天性，沒有一隻貓能夠面對一條細細的線無動於衷，不過我們還是有辦法讓貓咪獲得玩線的快感，同時又能夠不弄壞我們的電線、耳機線。

當你將一隻貓咪領回家，一開始牠對什麼都是充滿好奇的。除非是一隻五六歲以上的貓，曾經在其他人類的家生活過，可能對電線這樣的東西就見怪不怪。

除此以外，當貓咪探索家裡，遇上長長的線，就會開始撥弄。真的就只是出手撥弄而已，請你不要太緊張。那些由插座連接到電器的電線，最終都會好好的躺在那裡。只要在你發現貓咪開始用手撥弄的當下不當一回事，三天後，你的貓已經對每天都一樣且又不會動的電線感到無趣。

雖然耳機未來都是無線藍牙的，不過我們還是來理解一下它和躺在地上的電線差別在哪。耳機線還連有小小的耳機，這個外型基本上就像極了縮小版的逗貓棒，放在桌上的偶爾還會懸空垂掛，如此一來，就更引起貓咪的興趣了。

學習收拾

其實生活中和耳機線類似的狀況也不少，像是衣服或褲子鬆緊的抽繩、緞帶、歐風家飾的垂掛裝飾，這些東西都會默默地向貓咪招手。如果是寶貴

的物品，弄壞了無法對別人交代的東西，就直接收起來，不要給貓咪有嘗試玩弄的機會。

　　沒辦法收起來的線、垂掛的家飾，可以先布膠帶纏起來，避免訓練階段自己忍不住制止貓咪。若是塑膠膠帶，可能更容易引起貓咪興趣。接著準備麻繩、塑膠繩、緞帶等等線類的道具，剪下十到三十公分綁在逗貓棒上，開始和貓咪玩這個被允許狩獵的線。

　　不用擔心這樣是在教貓咪玩線，當你把線操作得活脫脫，會逃跑會躲藏又會復活，貓咪很快就會發現哪一種線比較好玩，漸漸地就會對其他不動的線失去興趣。

當你把線操作得活脫脫，貓咪漸漸會對
其他不動的線失去興趣。

29
我的貓在對我叫，
該怎麼理解牠的需求？

自己難辦到的事，喵叫以驅動你完成

貓咪喵叫的這種「語言」之所以不好翻譯，是因為貓咪給的線索太不直接。例如牠突然想到要吃小麥草，而平常你都是從陽台幫牠拿進來，所以牠知道這是一件自己無法辦到的事，於是用喵叫驅使你行動。

難就難在如果平常你幫貓咪執行的事情太多，你不會知道牠現在是要求哪一件事。因為貓咪是這樣的，如果牠想吃罐頭，牠不會對著罐頭喵叫。如果牠想你幫忙拿貓草，也不會對著貓草叫。如果牠需要你陪伴吃飼料，也不會對著飼料叫。

於是，貓咪對著你叫，並且期望你明白牠此時此刻的需求。當你認為貓咪的事情都忙得差不多了，食物給了、便盆也清理了，便開始忙自己的事情，沒想到貓咪在你休息的時候總是喵喵叫。

但是你絕對想不到牠居然是在叫著：

「飼料沒有加到八分滿！」或者，「昨天有小魚乾，今天也要吃！」

任何細小的事情，只要是貓咪喜歡的，牠都會記在心裡。

從日常作息破解喵叫之謎

如何破解喵叫之謎？就是從了解貓咪每天的生活作息開始。

你可以整理一張貓咪作息表，把你觀察到貓咪日常的事件寫成貓咪日記。只需要清楚記錄時間、地點、貓咪在做什麼（或者你對貓咪做了什麼）就可以，不需要真的像寫作文一樣地敘述。

貓咪作息記錄範例

時間	地點	事件
9：00	房間門口	喵喵叫五分鐘後，貓奴起床開門餵飯
12：00	客廳窗台	曬太陽睡覺
19：30	房間1	吃罐頭A牌鯖魚
20：00	遊樂場	玩逗貓棒

我們用這樣一個表格，記錄下貓咪的日常，觀察一週至兩週，看看貓咪每天做了哪些事情、吃了哪些東西。

那麼，在貓咪喵喵叫時，就可以推想這個時間點貓咪可能想要求哪一件事情，或者貓咪在意的事情今天是否已經執行了。

因為貓咪是非常規律的動物，透過作息表，可以有效地幫助你抓準牠們在特定時間和地點的想法。也可以說貓咪這樣的喵喵叫，簡直就是設定了備忘錄在提醒我們一樣。

我到底要不要理會牠的喵喵叫？

有時候我們陷入一種很尷尬的局面。都說貓咪喵叫的時候不要回應，否則牠就會越來越會叫。那麼貓咪在門外喵喵叫祈求我們開門，我到底是要快點開門，還是等牠停止喵叫了才開門？如果飼主在浴室或房間，貓咪每次都叫二十分鐘以上，難道就要把自己關在房間或悶在浴室，直到貓咪停止喵叫？

相信大家都聽過一套訓練貓咪的準則：「忽略你不想接受的行為。」這個準則沒有錯，但一定要建立在確定已經滿足貓咪的基本需求之上。

假設貓咪因為沒有足夠食物而喵喵叫，那麼我們持續忽略貓咪，結果會令貓咪更努力、更大聲地喵叫，或者採用其他方式以試圖溝通。這樣喵叫的情況，就會變得更嚴重且複雜。所以更重的要是把引起貓咪喵叫的事情優先完成，讓貓咪了解：原來不用努力喵叫就可以獲得滿足。在確定滿足貓咪後，才能夠執行一個標準：喵叫的時候徹底忽略。

開門這回事，也是需要看情況來操作的，假使平日裡你進浴室或是房間和貓咪隔開的狀況就會產生喵叫，那麼你就需要將日常頻繁進進出出這道門的行動做好規畫，讓貓咪不會認為這個門好像一關上就非得要叫，才能把你叫出來，也就是在貓咪喵叫前你就走出來了。

如果不慎聽到貓咪喵叫了，可以開門的情況就立刻開門。至少不會讓貓咪每次都要叫個二三十聲才開門，否則就是在訓練貓咪的喵叫功力。

若是飼主睡覺時段與貓咪隔離造成喵叫，就不需要起床做任何事情終止貓咪喵叫。因為睡覺的情況是幾乎固定時間且不方便做訓練，貓咪可以學習到固定時間關門睡覺的規律性。所以這部分就是固定幾點關門和幾點開門，讓貓咪發現這個規則，自然學習到這段時間牠的喵叫是起不了作用的。

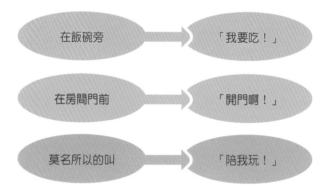

貓咪喵喵叫的常見情境

在飯碗旁 → 「我要吃！」

在房間門前 → 「開門啊！」

莫名所以的叫 → 「陪我玩！」

這裡強調一個很重要的概念，貓咪喵叫是在表達需求，合理的喵叫是在與飼主正常表達。我們不是要訓練貓咪都不叫，而是理解貓咪喵叫的原因。知道怎麼處理，就不會造成貓咪過度喵叫。

∴居家生活筆記∵

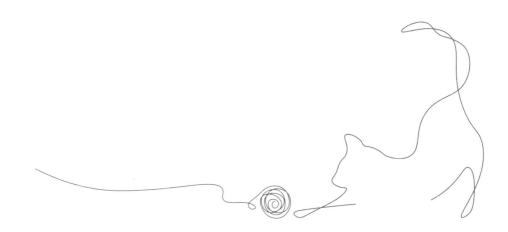

30
貓翻垃圾桶怎麼辦？

為了獲得食物？

實際調查過幾種狀況，最常見的，還是貓咪在垃圾桶裡找食物。可能是你吃剩的鹹水雞殘骸，或是牠難忘零食包裝。這必須是一隻非常愛吃的貓或是非常飢餓沒有吃飽的貓才會辦到，因為不見得每一隻貓對食物都這麼執著。

你可能會想，給牠準備飼料也不見牠吃光，翻垃圾桶真的是為了找食物嗎？

先別急著否定，因為垃圾桶裡的食物，和你為牠準備的食物不一樣。平常越是得不到的，越是吸引牠。更何況這個香味就在垃圾桶裡頻頻的召喚著，愛吃的貓咪沒有理由抵擋誘惑於是對垃圾桶一探究竟，終於有心者事竟成，牠憑藉自己的技能獲得美食的獎賞。

必須一個月以上不在垃圾桶裡掏到寶藏

雖然飼主有時候確認垃圾桶裡是沒有食物的，但是貓咪曾經在裡面獲得「大獎」的經驗，所以時不時就往裡頭掏，就是為了確認這次會不會也中獎。除了食物之外，另一種寶藏就是小玩具。把喜歡的小東西挖出來也是貓咪的樂趣，曾經遇過有隻貓咪每天都把垃圾桶打翻一次，為的是裡面揉成一團的紙球。還有一隻貓咪鍾愛玩棉花棒，搞了半天就只是為了一個你想不到的小垃圾。

飼主必須連續至少一個月以上，讓貓咪在垃圾桶裡掏不到寶藏，一次都不行，否則貓咪還是會時不時地來碰碰運氣。

對貓咪而言，今天沒有沒關係，明日沒有再接再厲，後天終於又找到，就會再次燃起貓咪的希望。反之，若一個月以上貓咪不斷地來嘗試，最後都沒有獲得寶藏，就會對這件事漸漸失去熱忱，失去習慣。

當你確定了貓咪打翻垃圾桶所為何物，就必須讓貓咪透過其他方式獲得這種樂趣。假使貓咪為了美食，那我們就把牠愛吃的零食放在其他可以被撈取的益智遊戲裡，還可以加一點小玩具當障礙物，讓貓咪翻出來吃。如果貓咪為了小玩具，那就培養貓咪狩獵某一樣小玩具，再把這個玩具藏得若隱若現，或是擺在架子上。貓咪在家裡巡邏時，就會去找這些小東西的麻煩。

還有一種情況是打翻垃圾桶不為了任何物品，就為了得到飼主的關注。這是因為貓咪做了這件事好幾次，發現能引來飼主當下最直接的關注，這個關注還剛好是貓咪喜歡的反應，於是貓咪學習到用這種方式最能引起飼主反應。可以思考看看貓咪哪方面的需求沒有被滿足，趕快在牠把垃圾桶當「服務鈴」之前滿足牠。

∴ 居家生活筆記 ❖

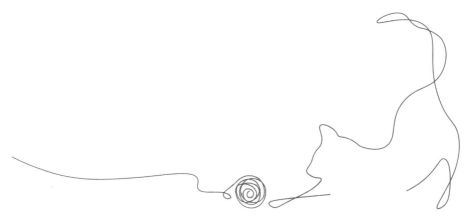

PART 8

誰說貓咪學不會？

　　貓咪做了一些令我們非常困擾的事，例如打電腦時突然飛撲過來抱著你的手啃咬。身為一個人類，當下的反應肯定是把貓咪推開，瞪著牠嚴肅地對說：「不可以！」

　　事情發生的當下，我們很習慣會做出制止的行為，試圖讓貓咪明白「錯誤」並且停止。即便成功讓貓咪停止了這個行為，但貓咪並無法理解這件事是錯的，停止的原因通常是因為受到驚嚇、或者注意力被轉移。也因為牠搞不清楚為什麼這樣的行為和你制止的關聯性，所以下回還是會重複發生同樣的問題，你也會發現制止最終是無效的。

　　教育貓咪不再犯那些使我們困擾的事，不是灌輸貓咪是非對錯的觀念，也不去研究哪一種制止方法可行，因為按照貓的邏輯是無法理解的。最好的辦法，是讓貓咪有其他更好的選擇，以取代這個你不希望看到的行為，也就是試圖引導貓咪去做你希望牠做的事情。

31
我該怎麼教貓咪「不可以去那裡」？

破解神壇貓

家家都有需要遵循的規矩，例如不能上神桌、不能夠跑出大門、不可以到流理台上踩踏。新手貓奴手忙腳亂地阻止，卻還是拿牠沒辦法。

首先你要了解，養一隻貓牠不可能只在地面和貓跳台上活動。從貓咪的眼睛看出去的世界是高高低低的路線，越高的地方視野越好。這就能說明為什麼貓咪那麼喜歡去神桌，這個絕佳的致高點拼命吸引著貓咪。餐桌或是流理台就不是位置的問題，而是上面放了什麼物品吸引貓咪。或者餐桌本身剛好是一條路的動線，你需要先移除貓咪在這裡找到寶藏的根源或是製造另外一條替代道路，否則時不時有好吃的菜渣或是肉汁，貓咪當然會反覆來查看。

儘管我們做了一些調整，貓咪也不可能這永遠都不再上餐桌或者流理台，不過有機會做到讓貓咪盡量少出現在這些位置。

避免貓咪跳上神桌玩應採取的措施

你可以這麼做	你應該避免
- 在同一空間準備另一個舒適的高處休息區 - 當貓咪到高處休息區時，要給予關注	- 貓咪跳上神桌時和牠說話 - 拿逗貓棒吸引牠跳下神桌

喜歡上神壇的貓咪們，你需要幫牠在這個空間準備另一個舒適的高處休息區。不止這樣，當牠們去了這個高處休息區時，你需要給予關注。假使當貓咪爬上神壇時，你會和牠說話，唸唸有詞請牠下來，或者拿逗貓棒引牠下來，這些反應都要在貓咪跑上你允許的高處休息區時比照辦理。

因為貓咪經常跑去神壇區，很大一部分是飼主反應加強而來的，所以造成貓咪每天都重複好幾次非得上去神壇。現在我們逆向操作，每次貓咪上神壇我們都不給予反應，在你允許的各處休息區都給予關注，經過二十次到三十次之後，貓咪開始發現這兩個地點的差別，不知不覺就會不那麼堅持要去神壇了。

破解流理台嬉戲的貓

我想流理台不能讓貓咪嬉戲的原因應該是有雜物、水漬，而且是料理食物的區域。但正因為如此，引起了貓咪的探索欲望。所以破解方法非常簡單，在廚房不做菜、不被忙碌使用時進行練習。

練習分為兩個重點，一個是區域的熟悉，一個是食物的熟悉。把你認為危險的物品例如刀叉、易碎瓶瓶罐罐、橡皮筋等等違禁品收起來，或是往能夠靠牢的地方擺放。

一開始讓物品是盡量清空的，貓咪可以在你不擔心的狀況下探索，你可以在一旁觀察貓咪，了解貓咪遇到什麼樣的物品會有什麼樣的反應，通常只是嗅聞而已，或出手撥弄幾下後發現並不是那麼有趣，就繼續往前探索。幾次後你會發現貓咪並沒有像當初那麼執著要上流理台，這時你可以把原本希望擺放在流理台上的物品拿出來，當貓咪上去時一樣要在一旁觀察，直到你知道貓咪已經不再對那些物品有興趣，就可以放心了。

接下來的下一個關卡是食物。先用蔬菜和水果來練習，大部分的貓咪並不是真的想吃這些東西，牠們很需要用鼻子去了解被帶進屋子的新鮮玩意，

如果你每次拿出來都不給貓咪機會好好了解，那麼下次再拿出來時牠又會湊過來一探究竟。

可以讓這些蔬果在被包裝的情況下給貓咪認識，滿足貓咪的好奇心後，當你正在料理，貓咪也已經檢查完畢，轉身就去好奇其他事情了。如果是肉類，別大方地將肉塊赤裸裸往那一放給貓咪嗅聞，有很大的機率是貓咪會直接整塊叼走，這是貓咪身為肉食動物的天性。

練習到蔬果階段完成，直接在廚房料理肉類不見得還會引起貓咪的興趣，但是料理好的香噴噴食物一上桌，可能就會被乞討餵食。如果你有用餐被貓咪打擾的困擾，可以將引起貓咪興趣的食物裝入保鮮盒並蓋上蓋子，一樣是讓貓咪嗅聞滿足好奇但是不會學習吃人類的食物。

∴ 居家生活筆記 ❖

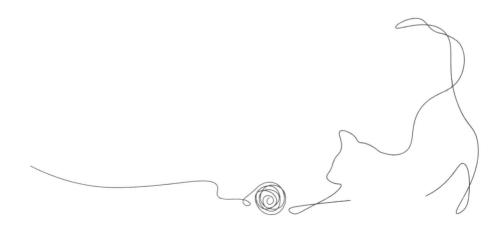

32

我該怎麼訓練我的貓咪搭車？

建立良好的外出經驗

如果想帶貓咪自駕出遊，只要貓咪外出經驗大部分是良好的，那麼這部分就會變得很簡單。貓咪從家裡進外出籠後再到車上這段路程我想沒有什麼問題，問題在於貓咪上了車究竟該待在外出籠，還是在車上自由活動呢？

喜歡外出的貓咪肯定會吵著要出來，在車上一路喵喵叫。你會發現，打開外出籠，貓咪就開始在車上探索。但為了顧及交通及駕駛安全，我們需要教貓咪哪些禁區是不能夠踏入的。我會設定三個區域，第一個是油門及煞車踏板區，第二個是駕駛座區，第三個是擋風玻璃區。

如果你開始訓練，請選擇不是真的要上路時練習，不能一開始就直接上路同時練習，萬一手忙腳亂可能會造成危險。

在車上開始訓練的方法如下：

讓貓咪自由在車上探索，駕駛座的人不需要跟貓咪說話或是給貓咪任何反應，尤其是不能撫摸。只在貓咪快踏入駕駛區或底下踏板時，伸手將貓咪擋住，讓貓咪完全沒有機會踩到這個區域。這個擋住的手勢就是像一面牆一樣擋住不動，不做往後推或抓走貓的動作，幾次之後貓咪就會變換方向離開了。最好是有另外一位家人幫忙做這個練習，駕駛員只負責必要的時候才出手。

記得，這個訓練最重要的關鍵就是貓咪一次都不能成功踩入駕駛座、踏板及駕駛座前方的擋風玻璃。反覆練習幾次，你會發現貓咪上車後就會在其他可以休息看風景的地方待著，不會再想要踏入禁區。

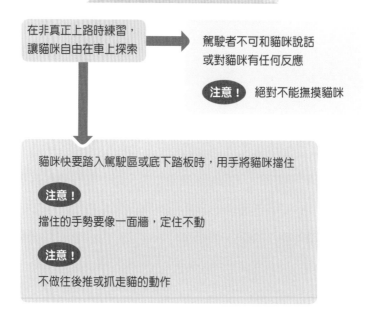

怎麼讓貓咪練習待在車上

在非真正上路時練習，
讓貓咪自由在車上探索

→ 駕駛者不可和貓咪說話
或對貓咪有任何反應

注意！ 絕對不能撫摸貓咪

貓咪快要踏入駕駛區或底下踏板時，用手將貓咪擋住

注意！

擋住的手勢要像一面牆，定住不動

注意！

不做往後推或抓走貓的動作

可以帶貓咪搭長途車嗎？

　　我們都希望貓咪出門是開心的。值得一提的是。即便貓咪從小做好了外出的各種訓練，也不能代表每次外出都一定沒有壓力，因為牠們對於輕鬆外出的定義可能與人類不同。

　　這讓我想起幾個案例，是幾隻特愛出門探險的貓咪，飼主也非常願意滿足貓咪出門的欲望，平日裡都會固定帶貓咪在住家附近遛達。到了難得的假日，靈機一動想去偏遠一點的大自然，讓貓咪走好走滿。這個偏遠的地方想必是要一段車程的，一般來說貓咪外出在同一個空間執行同一件事情的耐受時間最久應該不超過一小時，能夠等待一小時已經算是極限。如果貓咪上車四十分鐘後開始吵鬧，我認為是合理範圍。

經過一個鐘頭的車程終於到了目的地，貓咪下車探索也還算滿意，大約過了二三十分鐘貓咪可能就開始不太想走動，也可能會跑回外出籠裡待著。牠想回家了，但是大老遠跑來這邊的人類才剛剛開始散步、拍照，可能還要坐下來喝杯咖啡、吃個點心才要打道回府。

　　這時候無論貓咪是繼續散步還是在外出籠裡待著，對牠們來說一切都太持久太未知，因為貓咪執行一件事情的時間和人類比較起來相對是很短暫的。經過這次事件，很多飼主發現貓咪變得不想穿外出的胸背帶，或者不想進外出籠，也有外出後沒多久就開始喵喵叫的。這都是因為上次外出的經驗，對貓咪造成了一些壓力和不好的外出印象。

　　所以每一次的外出經驗都是非常重要的。對貓咪來說，能夠在熟悉的外在環境探索是比較輕鬆的，且車程單程盡可能控制在三十分鐘內，也是比較保險的。

∴ 居家生活筆記 ∵

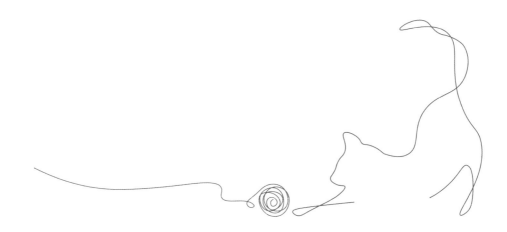

33
可以訓練貓咪外出嗎？

第一次出門

　　喜歡外出探索的貓咪是比較幸福的，因為比起室內貓，有更多紓壓的管道和有趣的世界。不過身為一隻貓，害怕家門外的世界，也屬於正常情形。我們要做的，是盡可能讓貓咪每一次出門都保有良好的經驗，並且在貓咪還可以被訓練外出的年紀就開始讓牠們到戶外探索。

帶貓外出的必備物品

項圈（幼幼貓）

胸背帶 （建議H型）

外出籠（必須是足夠貓咪趴下休息的大小）

四個月齡以內的貓咪面對事物保有好奇不懼怕的可能性是比較大的，如果你希望貓咪未來出門不緊張，事不宜遲，從你遇見牠的那一刻開始，就可以替外出做準備。

因為是第一次出門，只需要短短五分鐘，讓貓咪在外出籠裡待著就好，也就是說如果您住十樓，把電梯叫上來後進電梯再到一樓就已經足夠了，貓咪已經偷看了外面的世界，但不至於一下子受到過多刺激。

曾經有飼主第一次帶兩個月大的貓咪出門就去了一個小時，還是因為發現貓咪尿尿在籠子裡才打道回府。從此以後都在籠子裡鋪上尿布墊，深怕再弄得一身貓尿。我說，「貓咪不知道你什麼時候回家呀！牠不知道接下來會怎麼被安排，所以當然想尿就先尿囉！」

其實一個小時的外出不是因為貓咪尿急了，而是因為貓咪確實不知道接下來的情況，所以直接尿在籠子裡。

即便貓咪沒有想尿尿，同樣也不會確定接下來可能發生的事情。外面的世界對貓咪來說是很多刺激的，尤其大城市裡人擠人、車擠車，有各種聲音和體積大的物體在移動。貓咪是經驗法則至上的動物，如果第一次外出時間太長或是刺激太多，牠就會對出門這件事情有千百個不願意。因此由時間短短的再慢慢增加，是一個讓貓咪知道「沒多久就會回家」的方式。

如何判斷貓咪外出有沒有壓力

判斷貓咪外出是否有壓力是一件最重要的事。如果我們的練習每一次都讓貓咪感到壓力，那麼這個練習就等於是促使貓咪害怕外出。

外出的時間可以視貓咪適應的情況，每次增加三到五分鐘，並準備貓咪最愛吃的零食。貓咪在戶外願不願意進食，可以做為評斷的一個標準。如果貓咪在戶外完全不願意進食，那代表貓咪是有些害怕的，建議在較安靜的一樓庭院或是就在樓梯間練習就好，等貓咪完全熟悉，再到距離較遠的地點。

貓咪好奇或放鬆的狀況下，肢體不會是僵硬著一動也不動的，應該會在籠子裡面探頭探腦，甚至抓抓籠子想要出來。如果貓咪縮成一團像麵包一樣不動，那顯然是相當害怕的。

　　如果貓咪已經超過兩歲，或者以往出門經驗太差，每次準備出門都像打仗一樣地跑給你追，要重新訓練進外出籠後出門的成功機率幾乎是微乎其微。

　　有一種環境適特別適合貓咪練習外出，即便是年紀大一些，可能都還有機會，就是住家的出口大門是在一樓，家門口出去有自己的庭院或是空地，那麼穿好胸背帶並打開家門後，可以讓貓咪自己選擇要不要出門探索。

　　這個差別在於貓咪是自己從家裡出發，不需要被抓進外出籠，聯想到可能會去可怕的地方。所以對貓咪來說，前進幾步路探探頭，隨時有危險就可以秒回屋內，不但安全感大大提升，也完全依照自己能夠適應的程度決定前進或後退，對整個練習來說是非常簡單自然的。

∴ 居家生活筆記 ❖

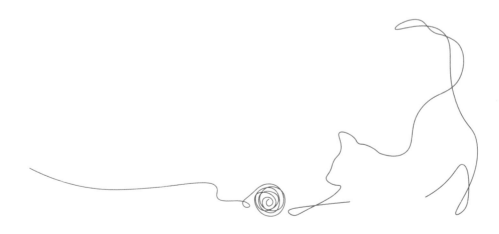

34
貓咪可以不剪指甲嗎？

在適當環境中，不剪指甲不會造成健康問題

「貓咪剪指甲」，在搜尋排行榜上的熱度大概僅次於貓咪咬人。身為貓奴，為了幫貓咪剪指甲努力爬文與嘗試各種訓練，可說是用心良苦。反觀貓咪對剪指甲這件事，會認為這根本不重要，甚至不需要幫忙。

老實說，貓需要剪指甲是因為配合人類的飼養，因為指甲太尖會勾到衣服、布料、窗簾、家飾，跑跳衝刺時會刮花皮椅，而且還會抓傷人類。不只如此，還看過一些貓咪長年不剪指甲的慘況，指甲彎曲地生長造成手掌被刺傷的疼痛模樣，於是我們有千百個必須幫貓咪剪指甲的正當理由。

在一個適當的環境下，貓咪終生不剪指甲是不會有健康問題的。這個適當環境，是指貓咪有足夠的磨爪物品可使用。貓咪每日磨爪的次數可能有五到十次，因此只要有適當的消磨，爪子並不會過度生長，而是會變得又尖又鋒利，像我們削鉛筆、磨刀一樣的道理。

而剪指甲時，貓咪必須是自在休息、側躺的狀態。在此提供示範影片參考，請掃描右側QR Code：

調整和貓咪之間的互動

不過，尖尖的指甲，確實很容易勾到人類的生活用品而導致貓咪指甲拔不起來的狀況。

如果你的居家環境很難避免這樣的問題，可以考慮幫貓咪剪指甲，把尖端的部分剪掉，以避免發生經常勾住的困擾。不過如果是貓咪刻意對某一樣物品磨爪所造成的抓痕，就比較難因為剪指甲就不留下抓痕，只是抓痕的粗細長得不一樣。

說到粗細不一樣，很多人要幫貓咪剪指甲的理由是貓咪會揮拳或用爪子抓人，說是把指甲剪了比較不會受傷，但其實剪了指甲後只是抓痕變得比較粗，針對這個剪指甲的目的，應該是調整貓咪和飼主之間的互動才對。

∴居家生活筆記 ❖

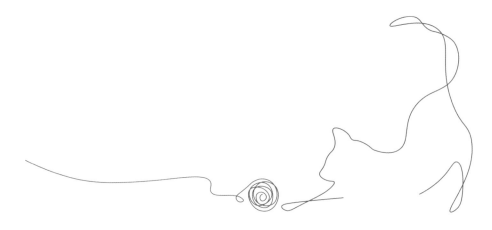

國家圖書館出版品預行編目資料

全圖解貓咪居家生活大揭密：寵物行為訓練師寫給貓家庭的問題行為指南 /
　單熙汝著 -- 初版. -- 臺北市：商周, 城邦文化出版：家庭傳媒城邦分公司發
行, 民 109.08
　　面；　　公分. -- (生活館)
　ISBN 978-986-477-886-7（平裝）
　1.貓　2.寵物飼養　3.動物行為
　437.364　　　　　　　　109010589

全圖解貓咪居家生活大揭密
寵物行為訓練師寫給貓家庭的問題行為指南

作　　　者／單熙汝
企畫選書人／陳名珉
責任編輯／陳思帆

版　　　權／黃淑敏、吳亭儀
行銷業務／莊英傑、周丹蘋、黃崇華
總　編　輯／楊如玉
總　經　理／彭之琬
事業群總經理／黃淑貞
法律顧問／元禾法律事務所　王子文律師
出　　　版／商周出版
　　　　　　台北市 115 南港區昆陽街 16 號 4 樓
　　　　　　電話：(02) 25007008　傳真：(02) 25007759
　　　　　　E-mail:bwp.service@cite.com.tw
發　　　行／英屬蓋曼群島商家庭傳媒股份有限公司城邦分公司
　　　　　　台北市 115 南港區昆陽街 16 號 8 樓
　　　　　　書虫客服服務專線：(02) 25007718・(02) 25007719
　　　　　　24小時傳真服務：(02) 25001990・(02) 25001991
　　　　　　服務時間：週一至週五09:30-12:00・13:30-17:00
　　　　　　郵撥帳號：19863813　　戶名：書虫股份有限公司
　　　　　　E-mail：service@readingclub.com.tw
　　　　　　歡迎光臨城邦讀書花園　　網址：www.cite.com.tw
香港發行所／城邦（香港）出版集團有限公司
　　　　　　香港灣仔駱克道193號東超商業中心1樓
　　　　　　電話：(852) 25086231　　傳真：(852) 25789337
　　　　　　Email：hkcite@biznetvigator.com
馬新發行所／城邦（馬新）出版集團　Cite (M) Sdn. Bhd.
　　　　　　41, Jalan Radin Anum, Bandar Baru Sri Petaling, 57000 Kuala Lumpur, Malaysia
　　　　　　電話：(603) 90578822　　傳真：(603) 90576622

封面設計／林芷伊
內頁插畫／茶茶
排版設計／豐禾工作室
印　　　刷／高典印刷有限公司
經　銷　商／聯合發行股份有限公司
　　　　　　電話：(02)29178022　　傳真：(02)29178022
　　　　　　地址：新北市231新店區寶橋路235巷6弄6號2樓

2020年8月4日初版
2024年8月1日初版4.3刷
定　　　價／380元
著作權所有，翻印必究
ISBN 978-986-477-886-7

城邦讀書花園
www.cite.com.tw